HURRICANE MILTON

Unerzählte Wahrheit über Floridas Hurrikan, Überlebensgeschichten, Zerstörung und den Weg zur Genesung

VISIONATE PUBLISHING

Urheberrecht © 2024 **Visionate Publishing**

Alle Rechte vorbehalten. Kein Teil dieses Buches darf ohne schriftliche Genehmigung des Herausgebers in irgendeiner Form oder mit irgendwelchen Mitteln, weder elektronisch noch mechanisch, einschließlich Fotokopieren, Aufzeichnen oder durch ein Informationsspeicher- und -abrufsystem, reproduziert oder übertragen werden

INHALTSVERZEICHNIS

EINFÜHRUNG.. 2

KAPITEL 1: EINE SAISON DER WUT: 2024 UND DER AUFSTIEG VON MILTON............... 5

   Flüstern in den Tropen................................. 5

   Die Wissenschaft der Welle........................ 7

   Florida bereitet sich auf Auswirkungen vor..... 11

KAPITEL 2: VOM SEELING ZUM SAVAGE: MILTON'S EXPLOSIVES WACHSTUM......... 16

   Anatomie eines Hurrikans......................... 16

   Der Treibstoff, der das Feuer nährte............ 20

   Der unvorhersehbare Weg.......................... 24

KAPITEL 3: STUNDE DER ABRECHNUNG: DIE KÜSTE FLORIDAS ERWARTET........... 30

   Evakuierungen und Unsicherheiten............ 30

   Die Ruhe vor dem Mahlstrom..................... 35

   Stimmen am Abgrund................................. 39

KAPITEL 4: MILTON'S WRATH: EINE NACHT DES CHAOS................................ 45

   Landfall: Der erste Schlag.......................... 45

   The Surge: Wände aus Wasser................... 50

   Winde des Wandels: Tanz der Zerstörung.... 55

KAPITEL 5: VERnarbte LANDSCHAFTEN: DIE NACHWIRKUNGEN ENTHÜLLT........... 61

   Eine zerstörte Küstengemeinde.................. 61

   Der Tribut an die Schätze der Natur............ 65

KAPITEL 6: TRIUMPH ÜBER DIE

TRAGÖDIE: GESCHICHTEN DER WIDERSTANDSFÄHIGKEIT..........................70
    Die Helfer: Leuchtfeuer im Dunkeln................70
    Gegen alle Chancen: Überlebensgeschichten..74
    Wiedergeborene Gemeinschaft: Die Kraft der Einheit...79

KAPITEL 7: LEBEN WIEDERAUFBAUEN: DER LANGE WEG ZURÜCK..........................87
    Die Stücke aufsammeln................................. 87
    Die Ökonomie der Erholung............................91
    Narben, die bleiben...96

KAPITEL 8: MILTON'S LEKTIONEN: EIN AUFRUF ZUR VERÄNDERUNG...................101
    Die Misserfolge und die Erfolge....................101
    Bereitschaft neu denken................................107

KAPITEL 9: EINE VERWANDELTE WELT: HURRIKANE UND UNSER KLIMA...............113
    Die Fingerabdrücke des Klimawandels......... 113
    Die Wissenschaft des extremen Wetters........ 118
    Unsere Verantwortung, unsere Entscheidungen..122

ABSCHLUSS..128
EPILOG: EIN BRIEF AN MORGEN...............132

EINFÜHRUNG

Es war das Jahr 2024. Die Welt sah atemlos zu, wie sich in den warmen Gewässern des Atlantiks ein Sturm zusammenbraute, ein wirbelnder Energiewirbel, der Hurrikan Milton getauft wurde. Es war nicht nur ein weiterer Sturm; Es war ein Monster, ein Gigant der Kategorie 5, der auf die sonnenverwöhnten Küsten Floridas zurollte und drohte, die Geschichte des Staates in einer Sprache der Zerstörung neu zu schreiben.

Dies ist jedoch nicht nur eine Geschichte über einen Hurrikan. Es geht um die Menschen, die ihm im Weg standen. Es geht um die in Notunterkünften zusammengepferchten Familien, um das besorgte Flüstern derer, die den Sturm überstehen wollten, und um die Ersthelfer, die sich auf das bevorstehende Chaos vorbereiten. Es geht um die Widerstandsfähigkeit des menschlichen Geistes, der erneut von der rohen Kraft der Natur auf die Probe gestellt wird.

Miltons Wut war unbestreitbar. Der Wind, eine wütende Symphonie der Zerstörung, fegte durch Städte und Dörfer und hinterließ eine Spur aus Trümmern und zerschmetterten Leben. Die Sturmflut, eine monströse Wasserwand, verschlang Häuser und Geschäfte und zeichnete in ihrem Kielwasser die Küstenlinie neu. Doch inmitten des Chaos entstand etwas Bemerkenswertes – ein Beweis für die anhaltende Stärke des menschlichen Geistes.

Dieses Buch ist eine Chronik dieser turbulenten Tage. Es ist eine Reise ins Herz des Sturms, wo Angst und Hoffnung aufeinanderprallen, wo gewöhnliche Menschen zu Helden werden und wo Gemeinschaften angesichts der Verwüstung Einigkeit finden. Es ist eine Geschichte über Überleben, Widerstandsfähigkeit und die dauerhafte Kraft des menschlichen Geistes, selbst die größten Herausforderungen zu meistern.

Aber es ist auch eine Geschichte über die Zukunft. Milton diente wie die Stürme davor als deutliche

Erinnerung an die Zerbrechlichkeit unseres Planeten und die dringende Notwendigkeit einer Veränderung. Es zwang uns, uns mit der Realität des Klimawandels, den Folgen unseres Handelns und der Verantwortung, die wir gegenüber künftigen Generationen tragen, auseinanderzusetzen.

Erkunden Sie mit uns das Erbe des Hurrikans Milton – eine Geschichte von Zerstörung und Widerstandsfähigkeit, von Verlust und Hoffnung und von den gewonnenen Erkenntnissen, die unsere Welt in den kommenden Jahren prägen werden.

TEIL I: DER AUFBAUENDE STURM

KAPITEL 1: EINE SAISON DER WUT: 2024 UND DER AUFSTIEG VON MILTON

Flüstern in den Tropen

Die Hurrikansaison 2024 war eine düstere Bedrohung gewesen, schon bevor Miltons Name im Wind geflüstert wurde. Auf der anderen Seite des tropischen Atlantiks waren die Bedingungen reif für Stürme: Die Meerestemperaturen waren ungewöhnlich hoch und lieferten reichlich Treibstoff für die Entstehung von Wirbelstürmen. Die Atmosphäre schien mit einer unruhigen Energie zu summen, einem empfindlichen Gleichgewicht aus Druck und Feuchtigkeit, das auf Messers Schneide stand.

Meteorologen hatten genau beobachtet und leichte Veränderungen in den Windmustern sowie den bedrohlichen Anstieg der

Meeresoberflächentemperaturen festgestellt. Im Vergleich zu den Vorjahren gestaltete sich diese Saison eher nervig. Der Jetstream, dieser Luftstrom hoch über uns, bewegte sich weiter nördlich als gewöhnlich und ließ einen freien Weg für die Entwicklung und Intensivierung von Stürmen, ohne gestört zu werden. Es war, als würde die Atmosphäre selbst die Bühne für eine dramatische Aufführung freimachen.

Dann, in der brodelnden Hitze Ende August, kam es vor der Küste Afrikas zu einer Störung. Zuerst war es nur eine Ansammlung von Gewittern, ein Fleck auf dem Radar. Aber als es, angetrieben vom warmen Meerwasser, nach Westen trieb, begann es sich zu organisieren und an Kraft zu gewinnen. Dies war der Keimling, der zum Hurrikan Milton werden sollte.

Was Milton selbst in dieser aktiven Jahreszeit besonders bemerkenswert machte, war seine rasche Intensivierung. Innerhalb weniger Tage entwickelte es sich von einem tropischen Tiefdruckgebiet zu einem Monster der Kategorie 5, dessen Winde mit über 150 Meilen pro Stunde heulten. Dieses explosionsartige Wachstum wurde durch eine Kombination von Faktoren vorangetrieben: das ungewöhnlich warme Meerwasser, das Fehlen von Windscherungen, die seine Zirkulation stören könnten, und ein Gebiet mit extrem niedrigem Druck in seinem Kern.

Die Saison 2024 mit Milton als erschreckendem Aushängeschild war eine deutliche Erinnerung an die Kraft der Natur und die zunehmende Unvorhersehbarkeit unseres Klimas. Ob ein Vorbote der Zukunft oder eine statistische Anomalie, es hinterließ unauslöschliche Spuren in den Gemeinschaften, die es verwüstete, und bei den Wissenschaftlern, die diese beeindruckenden Kräfte untersuchen.

Die Wissenschaft der Welle

Das Jahr 2024 wird sich nicht nur durch einen, sondern durch zwei verheerende Hurrikane in

Floridas Gedächtnis einprägen. Während Helene ihre Spuren im Panhandle hinterließ, war es Milton, der die Widerstandsfähigkeit des Staates auf die Probe stellte. Um die schiere Kraft dieses Sturms zu verstehen, müssen wir über die wirbelnden Wolken und den sintflutartigen Regen hinausblicken und die grundlegenden Kräfte begreifen, die diese meteorologischen Monster hervorbringen.

Stellen Sie sich die Weite des Atlantischen Ozeans vor, ein scheinbar endloses Gewässer, das sich in der Sommersonne sonnt. Unter der Oberfläche findet eine stille Transformation statt. Wenn die Sonnenstrahlen einfallen, erwärmt sich die Oberflächenschicht des Ozeans und speichert enorme Mengen an Energie. Dieses warme Wasser wirkt wie Treibstoff und wartet auf die richtigen Bedingungen, um einen kraftvollen Motor der Natur in Gang zu setzen – einen Hurrikan.

Die Entstehung eines Hurrikans beginnt mit einer scheinbar harmlosen Ansammlung von Gewittern, die ihren Ursprung oft vor der Westküste Afrikas haben. Diese als tropische Störung bekannten Gewitter treiben von den vorherrschenden Winden nach Westen. Während sie über das warme Meerwasser reisen, beginnen sie, Energie nach oben zu ziehen, wie ein Schornstein, der Rauch aus einem Feuer anzieht.

Durch diese Aufwärtsbewegung warmer, feuchter Luft entsteht ein Tiefdruckgebiet nahe der Meeresoberfläche. Die Natur, die immer auf der Suche nach Gleichgewicht ist, beeilt sich, diese Lücke zu füllen. Luft aus den umliegenden Gebieten strömt nach innen und spiralförmig zum Zentrum des Tiefdrucks. Wenn diese Luft zusammenläuft, steigt sie auf und nimmt mehr Feuchtigkeit mit. Der Zyklus intensiviert sich und das Sturmsystem beginnt sich zu drehen, angetrieben durch die kontinuierliche Zufuhr von Wärme und Feuchtigkeit aus dem Ozean.

Dabei spielt die Meeresoberflächentemperatur eine entscheidende Rolle. Hurrikane gedeihen in Gewässern mit einer Temperatur von mindestens 80

Grad Fahrenheit (26,5 Grad Celsius). Je wärmer das Wasser, desto mehr Energie steht zur Verfügung, um den Sturm anzuheizen. Im Fall des Hurrikans Milton stellten die ungewöhnlich hohen Meeresoberflächentemperaturen im Golf von Mexiko eine reichlich vorhandene Energiequelle dar und trugen zu seiner raschen Intensivierung bei.

Doch warmes Wasser allein reicht nicht aus, um einen Hurrikan auszulösen. Ein weiterer entscheidender Faktor ist die Windscherung, die Änderung der Windgeschwindigkeit und -richtung mit der Höhe. Starke Windscherungen können die empfindliche Struktur eines sich entwickelnden Sturms zerstören und ihn auseinanderreißen, bevor er an Stärke gewinnen kann. In den Wochen vor Milton war die Windscherung über dem Golf von Mexiko jedoch ungewöhnlich gering, so dass sich der Sturm ungehindert entwickeln konnte.

Mit zunehmender Intensivierung des Sturmsystems sinkt der zentrale Druck weiter, wodurch ein noch stärkerer Druckgradient entsteht. Dieses Gefälle wirkt wie ein riesiger Staubsauger, der mehr Luft ansaugt und die Rotationsgeschwindigkeit des Sturms erhöht. Die konvergierenden Winde peitschen um das Zentrum und bilden das charakteristische Auge des Hurrikans, einen Bereich relativer Ruhe, umgeben von den heftigsten Winden und Niederschlägen.

Im Fall des Hurrikans Milton vollzog sich dieser Prozess mit alarmierender Geschwindigkeit. Innerhalb weniger Tage verwandelte er sich von einem bescheidenen tropischen Sturm in einen Giganten der Kategorie 5, dessen Windgeschwindigkeiten atemberaubende 160 Meilen pro Stunde erreichten. Diese schnelle Intensivierung, angetrieben durch die ideale Kombination aus warmem Wasser, geringer Windscherung und einem zunehmenden Druckgefälle, machte Milton zu einem besonders gefährlichen und unvorhersehbaren Sturm.

Als Milton auf die Küste Floridas zusteuerte, schoben seine starken Winde eine riesige

Wasserwand vor sich her, die sogenannte Sturmflut. Diese Flutwelle, oft der zerstörerischste Aspekt eines Hurrikans, überschwemmte Küstengemeinden und verursachte weitreichende Überschwemmungen und Verwüstungen.

Die Wissenschaft der Hurrikanentstehung ist ein komplexes Zusammenspiel atmosphärischer und ozeanischer Kräfte. Das Verständnis dieser Prozesse ist nicht nur für die Vorhersage des Verlaufs und der Intensität dieser Stürme von entscheidender Bedeutung, sondern auch für die Abmilderung ihrer Auswirkungen auf gefährdete Gemeinschaften. Hurrikan Milton ist eine deutliche Erinnerung an die zerstörerische Kraft der Natur und die Bedeutung der Vorbereitung angesichts solch extremer Wetterereignisse.

Florida bereitet sich auf Auswirkungen vor

In der Luft lag eine seltsame Mischung aus Besorgnis und Resignation. Es war die Art von Stille, die vor einem Sturm herrscht, aber das war nicht irgendein Sturm. Dies war Hurrikan Milton, ein Monster, das sich auf die Westküste Floridas zubewegte. In den Nachrichten flackerten düstere Warnungen – katastrophale Winde, lebensbedrohliche Überflutungen, und die Worte hallten wie eine düstere Prophezeiung wider.

Überall im Sunshine State war eine Massenflucht im Gange. Die Autobahnen waren mit Autos verstopft, und ihre Insassen flüchteten ins Landesinnere, um Zuflucht vor Miltons Zorn zu suchen. Familien drängten sich in ihren Fahrzeugen, ihre Gesichter waren voller Sorge, ihre Habseligkeiten stapelten sich hoch, eine Momentaufnahme hastig gepackter Leben. Die Glücklichen hatten Freunde oder Familie weiter im

Landesinneren, einen sicheren Hafen, um dem Sturm zu entkommen. Andere machten sich auf den Weg zu Regierungsunterkünften, riesigen, unpersönlichen Räumen, die ein Dach und ein bisschen Sicherheit boten.

In Tampa kämpfte Maria Sanchez, eine alleinerziehende Mutter von zwei Kindern, mit einer Entscheidung, die ihr unmöglich vorkam. Sollte sie in ihrer kleinen Wohnung bleiben und auf das Beste hoffen oder sich mit ihren kleinen Kindern den chaotischen Fluchtwegen stellen? Die Nachrichten zeigten Bilder von überschwemmten Autobahnen, ausgetrockneten Tankstellen und aufgeheizten Gemütern. Es war so oder so ein Glücksspiel. Schließlich entschied sie sich mit einem Knoten im Magen für das Tierheim. Es wäre nicht bequem, aber es schien sicherer, als das Risiko einzugehen, dass die Fluten ihre Nachbarschaft zu überschwemmen drohten.

Unterdessen wandte sich Gouverneur DeSantis mit ernster Miene und fester Stimme an den Staat. „Das ist ein gefährlicher Sturm, anders als alles, was wir in den letzten Jahren gesehen haben", erklärte er. „Wenn Sie sich in einer Evakuierungszone befinden, müssen Sie sofort gehen. Warten Sie nicht, zögern Sie nicht. Ihr Leben könnte davon abhängen."

Die Nationalgarde rollte herein, ihre Anwesenheit war eine deutliche Erinnerung an die drohende Gefahr. Humvees rumpelten durch die Straßen, Soldaten regelten den Verkehr, halfen bei Evakuierungen und bereiteten sich auf die Folgen vor. Schulen und Geschäfte waren geschlossen, die Fenster mit Brettern vernagelt, und ein Geisterstadtgefühl breitete sich über den einst geschäftigen Gemeinden aus.

Im Emergency Operations Center in Tallahassee herrschte reges Treiben. Meteorologen verfolgten jede Bewegung Miltons, ihre Gesichter wurden vom Schein der Radarschirme beleuchtet. Notfallmanager koordinierten Ressourcen, schickten Teams zu strategischen Standorten und erkannten vorher, welche Gebiete am stärksten betroffen sein würden. Die Spannung war spürbar, ein Gefühl der Dringlichkeit vermischt mit der eisernen Entschlossenheit, Leben zu retten.

In den Küstenstädten vergingen die letzten Stunden mit quälender Langsamkeit. Bewohner, die sich entschieden hatten zu bleiben, trafen in letzter Minute ihre Vorbereitungen. An Türen gestapelte Sandsäcke, mit einem X abgeklebte Fenster, ein vergeblicher Versuch, das Unvermeidliche aufzuhalten. Der Wind nahm zu und pfiff durch die Palmen, ein leises, bedrohliches Knurren, das Schauer über den Rücken jagte. Der Ozean tobte, die Wellen schlugen gegen die Ufermauern, der Auftakt für die Woge, die drohte, alles zu verschlingen, was sich ihr in den Weg stellte.

Als die Nacht hereinbrach, herrschte eine unheimliche Stille. Der Exodus war abgeschlossen, die Straßen waren menschenleer. Nur der Wind und die steigende Flut blieben übrig, eine Symphonie der Wut der Natur, die kurz davor stand, ihre volle

Kraft zu entfesseln. Florida bereitete sich auf den Aufprall vor, hielt den Atem an und wartete auf die Ankunft des Monsters.

Dies ist nur eine Momentaufnahme der vielen Geschichten, die sich in ganz Florida abspielten, als Hurrikan Milton näher rückte. Im vollständigen Kapitel werden wir Folgendes untersuchen:

- **Die Wissenschaft hinter dem Sturm:** Wir werden die meteorologischen Faktoren untersuchen, die Milton so mächtig und unberechenbar gemacht haben, und dabei auf Daten des National Hurricane Center und Expertenanalysen zurückgreifen.
- **Der menschliche Einfluss:** Wir werden persönlichere Geschichten wie die von Maria erzählen und die vielfältigen Erfahrungen und Herausforderungen aufzeigen, mit denen die Einwohner Floridas angesichts dieser beispiellosen Bedrohung konfrontiert sind.

- **Die Rolle der Regierung:** Wir werden uns mit den Maßnahmen befassen, die von staatlichen und lokalen Beamten ergriffen werden, und die Wirksamkeit von Evakuierungsbefehlen, der Verwaltung von Unterkünften und Notfallprotokollen analysieren.
- **Die Community-Reaktion:** Wir werden die Bemühungen von Freiwilligen, Gemeinschaftsorganisationen und Alltagshelden hervorheben, die sich engagiert haben, um ihren Nachbarn bei der Vorbereitung und Evakuierung zu helfen.

KAPITEL 2: VOM SEELING ZUM SAVAGE: MILTON'S EXPLOSIVES WACHSTUM

Anatomie eines Hurrikans

Stellen Sie sich einen riesigen, wirbelnden Wirbel aus Luft und Wasser vor, der Hunderte von Kilometern breit ist, eine Naturgewalt, die unvorstellbare Zerstörung anrichten kann. Das ist im Wesentlichen ein Hurrikan. Aber unter seinem furchterregenden Äußeren verbirgt sich eine komplexe und faszinierende Struktur, ein empfindliches Kräftegleichgewicht, das seine zerstörerische Kraft antreibt. Werfen wir einen genaueren Blick auf die Anatomie dieser meteorologischen Giganten.

Das Herzstück jedes Hurrikans ist sein bekanntestes Merkmal: das **Auge**. Dieser zentrale Punkt relativer Ruhe hat typischerweise einen Durchmesser von 20 bis 40 Meilen und ist eine Oase der Ruhe inmitten eines tobenden Sturms. Der Himmel vor Augen ist oft klar, Sonnenlicht strömt hindurch und der Wind weht überraschend schwach. Diese unheimliche Ruhe täuscht jedoch, denn sie ist vom heftigsten Teil des Hurrikans umgeben: dem **Augenwand**.

Die Augenwand ist ein hoch aufragender Gewitterring, der das Auge umgibt, eine Wand intensiver Konvektion, in der die heftigsten Winde und sintflutartigen Regenfälle des Hurrikans herrschen.

Winde können hier Geschwindigkeiten von über 240 Kilometern pro Stunde erreichen und Dächer von Gebäuden abreißen, Bäume entwurzeln und Alltagsgegenstände in tödliche Projektile verwandeln. In der Augenwand konzentriert sich die Kraft des Hurrikans, der Motor, der seine zerstörerische Kraft antreibt.

Von der Augenwand erstrecken sich die **Regenbänder**, lange, spiralförmige Gewitterbänder, die sich wie die Arme eines riesigen Windrades um den Hurrikan legen. Diese Regenbänder können sich über Hunderte von Kilometern erstrecken und starke Regenfälle, starke Winde und sogar Tornados in Gebiete weit vom Zentrum des Hurrikans bringen. Regenbänder sind zwar nicht so intensiv wie die Augenwand, können aber dennoch erhebliche Überschwemmungen und Schäden verursachen, wodurch die Reichweite des Hurrikans vergrößert und seine Auswirkungen verstärkt werden.

Wie wirken diese Komponenten zusammen, um die zerstörerische Kraft eines Hurrikans zu erzeugen? Alles beginnt mit warmem Meerwasser. Hurrikane sind Wärmekraftmaschinen, die durch die Verdunstung warmer, feuchter Luft von der Meeresoberfläche angetrieben werden. Wenn diese warme, feuchte Luft aufsteigt, kühlt sie ab und kondensiert, wodurch Wärme freigesetzt wird und die Aufwärtsbewegung weiter vorangetrieben wird. Dadurch entsteht an der Oberfläche ein Unterdruckgebiet, das mehr Luft aus der Umgebung ansaugt.

Durch die Erdrotation dreht sich diese einströmende Luft auf der Nordhalbkugel entgegen dem Uhrzeigersinn (auf der Südhalbkugel im Uhrzeigersinn) und erzeugt so die charakteristische Zyklonrotation eines Hurrikans. Während die Luft spiralförmig nach innen strömt, nimmt sie mehr Feuchtigkeit und Wärme aus dem Ozean auf, was den Sturm verstärkt. Die aufsteigende Luft erreicht schließlich die Oberseite der Troposphäre, wo sie sich nach außen ausbreitet und einen Abfluss erzeugt, der dazu beiträgt, den niedrigen Druck in der Mitte aufrechtzuerhalten.

Das Zusammenspiel dieser Kräfte – das Einströmen warmer, feuchter Luft, das Aufsteigen und Abkühlen dieser Luft, die Abgabe von Wärme und das Abströmen an der Spitze – erzeugt einen sich selbst erhaltenden Kreislauf, der einen Hurrikan über Tage oder sogar Wochen antreiben kann . Das Auge entsteht durch absinkende Luft im Zentrum des Sturms, eine Folge der intensiven Rotation und der Drehimpulserhaltung. Der Eyewall mit seinen gewaltigen Gewittern markiert die Region mit den stärksten Aufwinden und intensivsten Niederschlägen.

Die zerstörerische Kraft eines Hurrikans ergibt sich aus der Kombination seiner verschiedenen Komponenten. Der **starker Wind** in den Augenwänden und Regenbändern können weitreichende Schäden an Gebäuden, Infrastruktur und Vegetation verursachen. Der **starker Regen** kann zu katastrophalen Überschwemmungen führen, Küstengebiete überschwemmen und Erdrutsche verursachen. Der **Sturmflut**, ein Anstieg des Meeresspiegels, der durch die Winde und den niedrigen Druck des Hurrikans verursacht wird, kann der verheerendste Aspekt von allen sein und Küstengemeinden mit Wasserwänden überschwemmen, die eine Höhe von 20 Fuß oder mehr erreichen können.

Das Verständnis der Anatomie eines Hurrikans ist entscheidend für die Vorhersage seines Verhaltens und die Abmilderung seiner Auswirkungen. Durch die Untersuchung der Struktur und Dynamik dieser

Stürme können Wissenschaftler die Vorhersagemodelle verbessern und es den Gemeinden ermöglichen, sich auf den Ansturm vorzubereiten und den Verlust von Leben und Eigentum zu minimieren. Je mehr wir über diese mächtigen Naturgewalten erfahren, desto besser können wir uns vor ihrer Wut schützen und angesichts ihrer unvermeidlichen Rückkehr widerstandsfähigere Gemeinschaften aufbauen.

Der Treibstoff, der das Feuer nährte

Stellen Sie sich ein Lagerfeuer vor. Sie beginnen mit etwas trockenem Zunder und Anzündholz und entfachen vorsichtig eine kleine Flamme zum Leben. Dann fügen Sie nach und nach größere Holzscheite hinzu und das Feuer wird mit jeder Zugabe stärker und heißer. Hurrikane sind auf ihre Art ähnlich. Sie brauchen die richtigen Zutaten und Bedingungen, um sich zu entzünden und zu intensivieren. Leider hat Hurrikan Milton in den warmen Gewässern des Atlantischen Ozeans eine Fülle dieser Inhaltsstoffe gefunden.

Stellen Sie sich den Ozean als riesigen Wärmespeicher vor. Die Energie der Sonne prasselt auf das Wasser und das Meer absorbiert eine enorme Menge dieser Wärme. Nun sind Hurrikane wie riesige Motoren, die diese Wärmeenergie in starke Winde umwandeln. Je wärmer das Wasser, desto mehr Treibstoff muss der Hurrikan einsetzen.

In den Wochen vor Milton waren die Meerestemperaturen im Atlantik ungewöhnlich hoch. Dies war nicht nur ein lokales Phänomen; Es handelte sich um einen weit verbreiteten Erwärmungstrend im gesamten Becken. Klimaforscher schlagen seit Jahren Alarm und warnen, dass steigende globale Temperaturen zu wärmeren Ozeanen und damit zu stärkeren Hurrikanen führen würden. Milton schien eine düstere Bestätigung dieser Vorhersagen zu sein.

Als Milton den Atlantik überquerte, stieß es auf eine riesige Wasserfläche, die wie ein heißes Bad wirkte und deren Temperaturen über 29 Grad Celsius lagen. Dieses warme Wasser wirkte wie hochoktaniger Treibstoff und versorgte Milton mit der Energie, die es für ein schnelles Wachstum benötigte.

Aber warmes Wasser allein reichte nicht aus. So wie ein Feuer Sauerstoff zum Brennen braucht, braucht ein Hurrikan Feuchtigkeit. Die warme Meeresoberfläche liefert diese Feuchtigkeit in Form von Wasserdampf, der in die Atmosphäre aufsteigt, kondensiert und dabei noch mehr Wärme freisetzt. Dieser Prozess, der als Freisetzung latenter Wärme bezeichnet wird, ähnelt dem Hinzufügen von Feuerzeugflüssigkeit zum Lagerfeuer – er verleiht dem Hurrikan einen zusätzlichen Energieschub.

Und dann waren da noch die Winde. Hoch über dem Sturm, in den oberen Schichten der Atmosphäre, herrschte ein Muster schwacher Winde. Dies war von entscheidender Bedeutung, da starke Höhenwinde die Struktur eines Hurrikans zerstören und ihn wie ein schlecht gebautes Haus in einem Sturm auseinanderreißen können. Aber bei schwachen Winden in der Luft hatte Milton die Freiheit, sich zu organisieren und zu verstärken, und seine wirbelnden Wolken bildeten einen eng gewundenen Wirbel.

Stellen Sie sich einen sich drehenden Eiskunstläufer vor, der seine Arme eng an seinen Körper zieht. Dabei wird ihre Drehung immer schneller. In ähnlicher Weise verstärkte sich die Rotation des Sturms, als Miltons Wolken nach innen zogen, und seine Winde nahmen an Geschwindigkeit zu.

Es war ein perfekter Wettersturm – rekordwarmes Meerwasser, reichlich Feuchtigkeit und schwache Höhenwinde. Diese Faktoren zusammen schufen ein Umfeld, in dem Milton gedeihen und sich innerhalb weniger Tage von einem bescheidenen tropischen Sturm zu einem wütenden Hurrikan der Kategorie 5 entwickeln konnte.

Diese rasante Verschärfung überraschte viele Menschen. Prognostiker hatten vorhergesagt, dass Milton stärker werden würde, aber die

Geschwindigkeit, mit der es wuchs, war alarmierend. Es war eine deutliche Erinnerung an die Kraft der Natur und die Unvorhersehbarkeit von Hurrikanen.

Als sich Milton der Küste Floridas näherte, heulten die Winde, die Regenfälle prasselten nieder und die Sturmflut drohte die Küstengemeinden zu überschwemmen. Das vom warmen Ozean angefachte Feuer geriet nun außer Kontrolle und die Menschen auf seinem Weg konnten sich nur noch auf den Aufprall einstellen.

Die Geschichte von Miltons explosivem Wachstum ist eine Geschichte des komplexen Zusammenspiels zwischen dem Ozean, der Atmosphäre und dem empfindlichen Gleichgewicht des Erdklimas. Es ist eine Geschichte, die die wachsende Gefahr intensiver Hurrikane in einer sich erwärmenden Welt unterstreicht und uns daran erinnert, dass wir auf die vor uns liegenden Herausforderungen vorbereitet sein müssen.

Der unvorhersehbare Weg

Die Vorhersage von Hurrikanen ist eine komplexe Wissenschaft, ein heikler Tanz zwischen dem Verständnis atmosphärischer Muster und der Anerkennung des inhärenten Chaos der Natur. Meteorologen verwenden ausgefeilte Modelle und verarbeiten Terabytes an Daten von Satelliten, Wetterballons und Meeresbojen, doch selbst die fortschrittlichsten Werkzeuge können manchmal von der Launenhaftigkeit eines Sturms überlistet werden. Hurrikan Milton erwies sich als Meister der Täuschung, ein Sturm, der alle Erwartungen übertraf und die Prognostiker in Atem hielt.

Zunächst schienen die Prognosen für Milton eindeutig zu sein. Es wurde in den warmen Gewässern des Atlantiks geboren und sollte einem vertrauten Weg folgen, eine Kurve nach Nordwesten machen und dann nach Norden abbiegen und dabei die Küste Floridas verschonen. Die Bewohner atmeten erleichtert auf, nachdem sie kürzlich die verheerenden Auswirkungen des

Hurrikans Helene ertragen mussten. Aber Milton hatte andere Pläne.

Als es über den Ozean wirbelte und an Kraft gewann, begann Milton, unberechenbares Verhalten an den Tag zu legen. Der projizierte Weg, einst eine ordentliche Kurve auf der Karte, geriet ins Wanken, und der Kegel der Unsicherheit weitete sich mit jeder Stunde, die verging. Meteorologen beobachteten mit wachsender Besorgnis, wie der Sturm eine unerwartete Wendung nahm und die gefährdete Westküste Floridas ins Visier nahm.

Die Ungewissheit löste in den Gemeinden, die gerade erst begonnen hatten, sich von Helene zu erholen, Wellen der Besorgnis aus. Evakuierungsbefehle, die zunächst als unnötig erachtet wurden, wurden nun mit Dringlichkeit erlassen, so dass die Bewohner verzweifelt darum kämpften, ihre Häuser zu sichern und Sicherheit zu suchen. Die Unvorhersehbarkeit von Miltons Weg verstärkte das Gefühl der Angst, als die Menschen mit dem Unbekannten kämpften und ihr Schicksal auf dem Spiel stand.

Dieses unberechenbare Verhalten verdeutlichte die inhärenten Herausforderungen der Hurrikanvorhersage. Obwohl die Technologie unsere Fähigkeit, diese Stürme zu verfolgen und vorherzusagen, erheblich verbessert hat, gibt es immer noch Einschränkungen. Leichte Änderungen des Luftdrucks, geringfügige Änderungen der Windmuster oder der Einfluss anderer Wettersysteme können einen Hurrikan von seinem erwarteten Kurs abbringen.

Im Fall von Milton verstärkte sich unerwartet ein Hochdrucksystem über dem Golf von Mexiko und fungierte als Barriere, die den Sturm daran hinderte, wie vorhergesagt nach Norden zu drehen. Dieses „Blockierungsmuster" zwang Milton, weiter nach Westen zu fahren und stellte Florida direkt in seinen Weg. Die schnelle Intensivierung des Sturms erschwerte die Vorhersage zusätzlich, da seine zunehmende Stärke auf unvorhersehbare Weise mit den Wetterbedingungen in der Umgebung interagierte.

Die Unsicherheit über Miltons Flugbahn hatte tiefgreifende Auswirkungen auf die Vorbereitungsbemühungen. Die verspätete Erteilung der Evakuierungsbefehle führte zu Verwirrung und logistischen Herausforderungen, da die Bewohner ihre Häuser eilig verließen, was zu Staus und überfüllten Unterkünften führte. Die sich ändernde Prognose machte es den Einsatzkräften auch schwer, Ressourcen vorab zu positionieren und die Auswirkungen des Sturms zu planen.

Stellen Sie sich Sarah vor, eine alleinerziehende Mutter, die in einer Küstenstadt in Florida lebt. Anfangs war sie erleichtert darüber, dass Milton ihr Gebiet voraussichtlich vermissen würde, hatte sich aber dafür entschieden, dort zu bleiben, in der Zuversicht, dass ihr Haus, das so gebaut war, dass es starken Winden standhält, ausreichend Schutz bieten würde. Doch als sich die Wettervorhersage änderte und die Evakuierungsbefehle kamen, wurde

Sarah überrascht. Mit begrenzten Mitteln und einem kleinen Kind, um das sie sich kümmern musste, stand sie vor der qualvollen Entscheidung, ob sie das Risiko eingehen sollte zu bleiben oder der chaotischen Evakuierung zu trotzen.

Sarahs Geschichte ist nur ein Beispiel dafür, wie der unvorhersehbare Verlauf des Hurrikans Milton für Unsicherheit sorgte und Leben zerstörte. Das unberechenbare Verhalten des Sturms verdeutlichte die Notwendigkeit flexibler Bereitschaftspläne und die Bedeutung der Beachtung der Warnungen der Behörden, auch wenn die ersten Prognosen beruhigend erscheinen.

Die Herausforderungen bei der Vorhersage von Hurrikanen bestehen nicht nur darin, den Verlauf vorherzusagen; Dazu gehört auch die genaue Vorhersage der Intensität und der Auswirkungen des Sturms. Miltons rasche Intensivierung überraschte viele und führte dazu, dass sein Zerstörungspotenzial unterschätzt wurde. Dies unterstreicht den Bedarf an kontinuierlicher

Forschung und verbesserten Vorhersagemodellen, die die komplexe Dynamik dieser starken Stürme besser erfassen können.

Die Geschichte des Hurrikans Milton erinnert daran, dass die Natur letztendlich die Kontrolle hat. Während wir danach streben, sein Verhalten zu verstehen und vorherzusagen, müssen wir auch seine Macht und Unvorhersehbarkeit respektieren. Indem wir die Grenzen unserer Prognosen anerkennen und eine Kultur der Vorsorge pflegen, können wir uns und unsere Gemeinschaften besser vor den verheerenden Auswirkungen dieser Stürme schützen.

KAPITEL 3: STUNDE DER ABRECHNUNG: DIE KÜSTE FLORIDAS ERWARTET

Evakuierungen und Unsicherheiten

Die Luft war schwer von einer seltsamen Mischung aus Angst und Trotz. Draußen wehten Palmen gegen den aufkommenden Wind, ihre Wedel waren nur verschwommen vor dem trüben, grauen Himmel. Drinnen herrschte im Haus der Familie Rodriguez eine nervöse Energie. Maria, die Matriarchin, huschte zwischen den Fensterläden und dem Radio hin und her, die Stirn vor Sorge gerunzelt. Ihr Mann Carlos versuchte, Ruhe zu zeigen und sicherte mit geübter Effizienz das letzte Fenster, doch sein Blick verriet seine Besorgnis. Ihr jugendlicher Sohn Miguel schwankte zwischen Tapferkeit und Angst, klebte an seinem Telefon und scrollte mit gleicher Intensität durch Unwetter-Updates und Social-Media-Beiträge.

Der Evakuierungsbefehl war bereits vor Stunden eingegangen, und eine laute Stimme im Radio durchbrach die zunehmende Spannung. Obligatorische Evakuierung für alle Küstengebiete. Aber die Entscheidung zu gehen und ihr Zuhause den Launen eines Sturms namens Milton zu überlassen, war keine einfache. Das war es nie.

Für die Familie Rodriguez war die Evakuierung wie für viele andere in ihrer Kleinstadt in Florida ein Wagnis, eine Abwägung der Risiken gegen eine ungewisse Zukunft. Der Abschied bedeutete, dass es zu einem Verkehrskollaps auf verstopften Autobahnen kam, dass man Angst hatte, einen Unterschlupf zu finden, und dass das Leben der beiden aus den Fugen geraten war. Bleiben bedeutete, sich der Heftigkeit des Sturms, der Gefahr von Überschwemmungen und dem Risiko auszusetzen, von der Hilfe abgeschnitten zu werden, wenn etwas schiefgehen sollte.

„Mama, gehen wir wirklich?" fragte Miguel mit einer Mischung aus Besorgnis und Aufregung. Die Aussicht, die Schule zu verpassen, und der Nervenkitzel des Unbekannten kämpften mit der Angst vor dem Sturm.

Maria seufzte und ihr Blick wanderte zu den gerahmten Fotos an der Wand, den Erinnerungsstücken an ein Leben, das innerhalb dieser Mauern entstand. „Ja, mijo", sagte sie mit fester Stimme trotz des Zitterns in ihrem Herzen. „Es ist besser, auf Nummer sicher zu gehen."

Carlos nickte mit grimmiger Miene. „Das haben wir schon einmal durchgemacht. Erinnerst du dich an Irma?

Aber auch die Erinnerung an Irma, einen Sturm, der ihrer Stadt das Schlimmste erspart hatte, nährte die Zweifel. War es dieses Mal wirklich notwendig, zu gehen? Das Radio knisterte von widersprüchlichen Berichten. Einige Experten sagten einen Volltreffer und katastrophale Schäden voraus. Andere vermuteten, dass Milton vom Kurs abweichen und schwächer werden könnte, bevor es ihre Küste erreicht. Die Unsicherheit nagte an ihrer Entschlossenheit.

Sie wussten, dass es bei der Entscheidung zur Evakuierung nicht nur um den Sturm selbst ging. Es ging um ihre individuellen Umstände, ihre Risikotoleranz, ihr Vertrauen in die Behörden. Für einige ihrer Nachbarn war die Wahl klar. Die ältere Frau Garcia, die allein mit ihrer Katze lebte, war bereits in den Evakuierungsbus gestiegen, ihre gebrechliche Gestalt zeugte von der Verletzlichkeit des Alters. Das junge Paar nebenan hatte mit seinem neugeborenen Baby schon vor Stunden sein Auto gepackt und der Sicherheit seines Kindes Priorität eingeräumt.

Für andere war die Entscheidung jedoch komplexer. Die Johnsons mit ihrem robusten, erhöhten Haus waren zuversichtlich, dass sie den Sturm überstehen würden. Herr Lopez, ein lebenslanger Fischer, weigerte sich, sein Boot, seinen Lebensunterhalt, dem Wind und den Wellen zu überlassen. Jede

Familie kämpfte mit ihren eigenen Berechnungen, ihren eigenen Ängsten und Hoffnungen.

Als die Familie Rodriguez ihr Auto packte, verstärkte sich die Spannung in der Luft. Das Nötigste zuerst: Wasser, Lebensmittel, Taschenlampen, Batterien. Dann das Unersetzliche: Familienfotos, wichtige Dokumente, eine Lieblingsdecke für Miguel. Jeder verpackte Gegenstand hatte ein eigenes Gewicht, eine Erinnerung daran, was er zu verlieren hatte.

Die Fahrt aus der Stadt war ein langsames Kriechen, eine Karawane voller Angst und Unsicherheit. Die Autobahn war ein Fluss aus roten Rücklichtern, der sich bis zum Horizont erstreckte. Gesichter blickten aus den Autofenstern, eine Mischung aus Resignation und Besorgnis. Das Radio, ihre Lebensader zur Außenwelt, lieferte einen stetigen Strom von Updates, Warnungen und Ratschlägen. Aber inmitten der Informationsflut schlich sich ein Gefühl der Isolation ein. Sie waren jetzt auf sich allein gestellt und trieben in einem Meer der Unsicherheit.

In der Notunterkunft herrschte eine seltsame Mischung aus Kameradschaft und Angst. Familien drängten sich zusammen und tauschten Geschichten, Ängste und knappe Vorräte aus. Kinder spielten Spiele, ihr Lachen war eine kurze Atempause von der Anspannung. Die gemeinsame Erfahrung, die gemeinsame Bedrohung schufen eine Bindung zwischen Fremden, ein Gemeinschaftsgefühl angesichts von Widrigkeiten.

Aber selbst in der relativen Sicherheit des Tierheims blieb die Unsicherheit bestehen. Würde ihr Haus bei ihrer Rückkehr noch stehen? Würde ihre Stadt den Sturm überleben? Würde das Leben jemals das gleiche sein? Diese Fragen hingen schwer in der Luft, unbeantwortet, eine Erinnerung an die Zerbrechlichkeit ihrer Existenz.

Sie wussten, dass die Evakuierung nur der Anfang war. Der Sturm würde vorübergehen, aber seine Auswirkungen würden anhalten, eine Prüfung ihrer

Widerstandsfähigkeit, ihrer Fähigkeit, wieder aufzubauen, sich anzupassen und inmitten der Trümmer Hoffnung zu finden. Während sie sich in ihren provisorischen Betten niederließen und der Wind draußen heulte, hielt die Familie Rodriguez aneinander fest, eine kleine Insel der Stärke in einem Meer der Unsicherheit. Sie hatten ihre Wahl getroffen, sich ihren Ängsten gestellt und nun konnten sie nur noch warten und hoffen.

Die Ruhe vor dem Mahlstrom

Die Luft hing schwer und voller Feuchtigkeit, die an allem zu haften schien. Es war die Art von Stille, die sich auf einen niederschlug, eine Decke der Stille, die nur durch das gelegentliche Rascheln von Palmwedeln in der seltsam fehlenden Brise unterbrochen wurde. Die Sonne, normalerweise ein gleißender Tyrann am Himmel Floridas, war hinter einer Schicht aus blauen, grauen Wolken verborgen und warf ein unnatürliches Zwielicht über die Küste. Es war die Ruhe vor dem Mahlstrom, der leise Atem vor dem Schrei.

Auf Siesta Key war der normalerweise belebte Strand verlassen. Leere Liegestühle lagen verstreut wie umgefallene Dominosteine, und die bunten Regenschirme, die normalerweise im Sand verstreut waren, waren zusammengerollt und festgebunden und erinnerten an besiegte Soldaten. Die Rettungsschwimmerstände standen Wache, ihre leeren Sitzstangen blickten auf ein Meer, das trügerisch ruhig war und dessen sanfte Wellen die monströse Energie verdeckten, die sich unter der Oberfläche sammelte.

Weiter im Landesinneren herrschte in der Stadt Sarasota geschäftiges Treiben. Die von panischen Käufern leergeräumten Supermarktregale ähnelten den Folgen einer Heuschreckenplage. Die Tankstellen waren mit Autos überfüllt, und ihre Fahrer waren bestrebt, ihre Tanks aufzufüllen und dem Zorn des herannahenden Sturms zu entgehen. Die Straßen außerhalb der Stadt waren von einem verzweifelten Exodus verstopft, eine Karawane der Angst schlängelte sich in Richtung unsicherer Sicherheit.

Im Sarasota Memorial Hospital untersuchte Dr. Emily Carter, eine erfahrene Notärztin, die angespannte Situation. Der übliche Trubel in der Notaufnahme wurde durch beunruhigende Stille ersetzt. In jeden verfügbaren Raum waren zusätzliche Betten gepfercht worden, und das Personal, dessen Gesichter eine Mischung aus Besorgnis und Entschlossenheit zeigten, traf die letzten Vorbereitungen. Emily hatte schon viele Hurrikane gesehen, aber irgendetwas an Milton fühlte sich anders und unheilvoller an.

Währenddessen bellte Kapitän Mike Johnson in der Feuerwache Befehle und seine Stimme durchdrang die Spannung. Seine Mannschaft, eine eingeschworene Gruppe von Brüdern und Schwestern, überprüfte ihre Ausrüstung, ihre Gesichter waren grimmig, aber entschlossen. Sie hatten diese Übung unzählige Male durchgemacht, aber das Wissen um das, was kommen würde, lastete schwer auf ihnen. Mike, ein erfahrener Feuerwehrmann mit jahrzehntelanger Erfahrung, wusste, dass dieser Sturm nicht nur ihre

Fähigkeiten, sondern auch ihren Mut und ihre Ausdauer auf eine harte Probe stellen würde.

Zurück auf Siesta Key weigerte sich ein älteres Ehepaar, John und Mary Anderson, zu evakuieren. Sie hatten in ihrem alten Strandhäuschen viele Stürme überstanden und wollten es jetzt nicht aufgeben. John, ein sturer Mann mit wettergegerbtem Gesicht und einem Herzen aus Gold, vernagelte die Fenster, während Mary mit leicht zitternden Händen ein paar Dinge des Nötigsten einpackte. Sie saßen Hand in Hand auf ihrer Veranda und beobachteten den bedrohlichen Himmel, ihre Gesichter waren eine Mischung aus Trotz und stiller Resignation.

Im Laufe des Tages wurde die Spannung spürbar. Der Wind nahm zu, peitschte die Palmen in Aufregung, und die ersten Regentropfen begannen zu fallen, schwer und beharrlich. Die Nachrichtenberichte waren düster und sagten eine katastrophale Sturmflut und verheerende Winde voraus. Der Countdown hatte begonnen.

Im Krankenhaus beobachtete Emily, wie die ersten Verletzten eintrafen, Opfer herumfliegender Trümmer und umgestürzter Bäume. Der Sturm hatte noch nicht einmal offiziell zugeschlagen, und schon stiegen die menschlichen Opfer. Sie holte tief Luft und wappnete sich für die lange Nacht, die vor ihr lag.

An der Feuerwache durchbrachen die Alarmglocken die angespannte Stille. Ein Notruf, eine Familie ist in einem überschwemmten Haus gefangen. Mike und seine Crew stürzten sich in Aktion und ihr Adrenalin stieg. Sie rannten auf die Gefahr zu, während ihre Sirene den herannahenden Sturm trotzig herausforderte.

Auf Siesta Key drängten sich John und Mary in ihrem kleinen Häuschen zusammen, während draußen der Wind wie eine Todesfee heulte. Der Strom ging aus und stürzte sie in die Dunkelheit. Sie lauschten dem Brausen des herannahenden Sturms, ihre Herzen klopften im Einklang mit den tosenden Wellen.

Die Ruhe war vorbei. Der Strudel war angekommen.

Stimmen am Abgrund

Die Luft hing schwer, schwer vom Geruch von Salz und einem seltsamen, metallischen Geruch, den niemand genau einordnen konnte. Es drückte wie eine erstickende Decke auf Siesta Key und spiegelte die Angst wider, die jedes Herz erfasste. Hurrikan Milton, dessen Name mit einer Mischung aus Angst und Unglauben geflüstert wurde, wütete auf der Küste Floridas.

Am Turtle Beach lief Elena Martinez auf der Veranda ihres verwitterten Bungalows auf und ab, ihr Blick schweifte zwischen dem aufgewühlten türkisfarbenen Wasser und dem bedrohlichen grauen Fleck am Horizont hin und her. Ihr Mann Carlos, ein lebenslanger Fischer, hatte sich über die Evakuierungsbefehle lustig gemacht. „Dieses alte Haus hat Schlimmeres gesehen", hatte er erklärt, seine Stimme war schroff, aber in seinen Augen war ein Anflug von Sorge zu erkennen. Elena konnte jedoch das Bild vom Dach ihres Nachbarn nicht loswerden, das vor fünf Jahren vom Hurrikan Irma abgerissen wurde. Sie hielt ein verblasstes Foto ihrer Enkelin in der Hand, ihr Herz war voller Angst und Trotz.

Ein paar Meilen landeinwärts, in einem belebten Vorort von Sarasota, drängte sich die Familie Nguyen um eine flackernde batteriebetriebene Laterne. Die zwölfjährige Mai klammerte sich an ihren kleinen Bruder, ihre Augen waren vor Angst weit aufgerissen, die sie nicht verbergen konnte. Ihre Eltern, normalerweise ein Zeichen der Ruhe, tauschten angestrengte Blicke aus. Sie hatten die Fenster vernagelt, sich mit Vorräten eingedeckt und alle ihre Wertsachen nach oben gebracht, aber eine nagende Unsicherheit blieb bestehen. Würde es reichen? Herr Nguyen, ein stoischer Mann der wenigen Worte, zückte sein Handy und zeigte Mai ein Bild ihres angestammten Hauses in Vietnam, einem kleinen Dorf, das unzählige Stürme überstanden hatte. „Wir sind stark wie Bambus", sagte er mit fester Stimme.

Weiter oben an der Küste, in einer ruhigen Seniorensiedlung, saß die 82-jährige Martha Peterson an ihrem Fenster, eine Tasse lauwarmen Tee in ihren Händen, die kalt wurde. Sie beobachtete, wie sich die Palmen im Wind bewegten und ihre Wedel wie ein grüner Fleck vor dem dunkler werdenden Himmel wirkten. Martha hatte schon einige Hurrikane überstanden, aber dieser fühlte sich anders an. Es lag eine Wildheit in der Luft, eine unerbittliche Intensität, die ihr bis auf die Knochen einen Schauer über den Rücken jagte. Sie dachte an ihre Kinder, die über das ganze Land verstreut waren, und eine Welle der Einsamkeit überkam sie. Aber Martha war eine gläubige Frau und fand Trost in den abgenutzten Seiten ihrer Bibel.

Als die Sonne hinter dem Horizont versank und lange Schatten über die beunruhigte Landschaft warf, breitete sich über der Küste Floridas ein

Gefühl gemeinsamer Verletzlichkeit aus. Das Radio knisterte mit dringenden Warnungen, der Wind heulte sein trauriges Lied und die Wellen schlugen mit zunehmender Wucht gegen das Ufer. Angst vermischte sich mit einem seltsamen Gefühl der Vorfreude, einem kollektiven Anhalten des Atems vor dem Unvermeidlichen.

In einem kleinen Fischerdorf in der Nähe von Tampa Bay versammelte sich eine Gruppe verwitterter Fischer in der örtlichen Bar, ihre Gesichter zeigten eine Mischung aus Besorgnis und grimmiger Entschlossenheit. Sie tauschten Geschichten über vergangene Stürme aus, ihre Stimmen übertönten den zunehmenden Lärm des Windes. „Erinnerst du dich an Charley?" „ krächzte ein Oldtimer mit funkelnden Augen. „Das war ein Hurrikan!" Sie hoben ihr Glas und stießen auf ihre Boote, ihren Lebensunterhalt und ihr gemeinsames Schicksal an.

Währenddessen beobachtete in einer Hochhauswohnung mit Blick auf den Golf von

Mexiko ein junges Paar, das gerade aus New York City angekommen war, den herannahenden Sturm mit einer Mischung aus Ehrfurcht und Besorgnis. So etwas hatten sie noch nie zuvor erlebt und die schiere Kraft der Natur, die sich vor ihren Augen entfaltete, war sowohl erschreckend als auch berauschend. Sie hielten einander fest, ihre Ängste waren angesichts dieses außergewöhnlichen Schauspiels für einen Moment vergessen.

Als die Dunkelheit die Küste einhüllte und die ersten Ranken des Hurrikans begannen, das Ufer zu peitschen, entstand aus der Angst ein Gefühl der Einheit. Nachbarn überprüften ihre Nachbarn, Fremde boten ihre helfende Hand an und Gemeinden bereiteten sich auf den Ansturm vor. Obwohl der menschliche Geist zerbrechlich war, strahlte er eine unbändige Widerstandskraft aus, eine Weigerung, sich vom herannahenden Sturm auslöschen zu lassen.

Dies waren nur einige der unzähligen Geschichten, die sich entlang der Küste Floridas abspielten, als

Hurrikan Milton näher rückte. Jeder Mensch, jede Familie begegnete dem Sturm mit ihrer ganz eigenen Mischung aus Angst, Hoffnung und Entschlossenheit. Ihre Stimmen, ein Chor der Besorgnis und Widerstandsfähigkeit, hallten im Wind wider, ein Beweis für die Ausdauer des menschlichen Geistes angesichts der Wut der Natur.

Teil II: Entfesselte Wut

KAPITEL 4: MILTON'S WRATH: EINE NACHT DES CHAOS

Landfall: Der erste Schlag

Die Luft knisterte vor unnatürlicher Energie. Es war nicht nur die Luftfeuchtigkeit, die schwer und bedrückend an allem haftete, sondern eine Anspannung, ein Gefühl der Vorfreude, das wie ein physisches Gewicht auf Siesta Key drückte. Draußen am Strand waren die normalerweise verspielten Wellen monströs geworden und zerkratzten den Sand mit einer Wildheit, die selbst die mutigsten Seevögel in die Flucht ins Landesinnere trieb. Der Himmel, einst leuchtend blau, war jetzt blau und voller Wolken, die wie böswillige Geister wirbelten und tanzten.

In einem kleinen, verwitterten Bungalow, nur ein paar Blocks vom Ufer entfernt, klammerte sich die

10-jährige Maya an ihre Großmutter Elena. Elena, deren Gesicht von den lebenslangen Stürmen Floridas gezeichnet war, versuchte, Ruhe auszustrahlen, aber ihre Augen verrieten eine tiefsitzende Sorge. Sie hatten beschlossen, den Sturm zu überstehen, eine Entscheidung, die eher aus Notwendigkeit als aus Tapferkeit getroffen wurde. Die Evakuierungsbefehle waren spät gekommen und aufgrund der eingeschränkten Mobilität von Elena schien es unmöglich, von der Insel zu fliehen.

Als die ersten Ranken des Hurrikans gegen das Haus peitschten, klapperten und ächzten die Fenster protestierend. Der Wind heulte wie eine Todesfee, seine Stimme steigerte sich zu einem furchterregenden Crescendo. Maya vergrub ihr Gesicht an Elenas Schulter, ihr kleiner Körper zitterte. Elena strich ihr übers Haar und murmelte beruhigende Worte, an die sie selbst kaum glaubte.

Plötzlich hallte ein ohrenbetäubender Krach durch das Haus. Eine riesige Eiche, deren Wurzeln durch den unerbittlichen Regen gelockert worden waren, war auf das Dach gestürzt und hatte ein klaffendes Loch in die Decke gerissen. Regen strömte herein und durchnässte sofort das Wohnzimmer. Mit zitternder Stimme zog Elena Maya zur Rückseite des Hauses und suchte Schutz in einem kleinen, fensterlosen Badezimmer.

Währenddessen kämpfte sich nur ein paar Meilen entfernt ein Team von Feuerwehrleuten durch den Sturm. Kapitän Mike Johnson umklammerte mit weißen Knöcheln das Lenkrad des Feuerwehrautos, während er durch die überfluteten Straßen navigierte. Der Wind schüttelte den Lastwagen und drohte, ihn umzukippen. Um sie herum wirbelten Trümmer herum – Äste, Schilder, sogar Teile des Daches – und verwandelten die vertrauten Straßen in einen tückischen Hindernisparcours.

Sie reagierten auf einen Notruf einer Familie, die in ihrem überschwemmten Haus eingeschlossen war. Das Wasser stieg schnell an und die Familie kauerte mit einem kleinen Baby zusammengekauert auf dem Dach, ihre entsetzten Schreie waren über dem Tosen des Sturms kaum zu hören. Mike und sein Team wussten, dass sie sich in einem Wettlauf gegen die Zeit befanden.

Zurück auf Siesta Key schlug die Sturmflut mit voller Wucht zu. Wellen, die mittlerweile zu gewaltigen Wasserwänden aufragen, stürzten über die Ufermauer und überschwemmten Häuser und Geschäfte. Elena und Maya, zusammengekauert im Badezimmer, konnten das Rauschen des Wassers hören, das durch das Haus strömte. Der Boden unter ihnen war kalt und nass, und in der Luft hing der Geruch von feuchtem Holz und Angst.

Gerade als sie dachten, es könnte nicht noch schlimmer werden, wurde die Hintertür aufgerissen. Ein Schwall Wasser strömte herein und warf Elena von den Füßen. Maya schrie und griff nach ihrer Großmutter, aber die Strömung war zu stark. Elena wurde mitgerissen und verschwand im wirbelnden braunen Wasser.

Maya kletterte mit klopfendem Herzen auf einen schwebenden Schrank, ihre Augen weiteten sich vor Angst. Sie klammerte sich an den Schrank, ihr kleiner Körper wurde hin und her geworfen wie ein Blatt in einem reißenden Fluss. Sie schrie nach ihrer Großmutter, aber ihre Stimme wurde vom Sturm verschluckt.

Als die Morgendämmerung anbrach, begann der Sturm endlich nachzulassen. Der Wind war zwar immer noch stark, hatte aber seine wilde Schärfe verloren. Der Regen ließ zu Nieselregen nach und die Überschwemmungen gingen langsam zurück. Der vom Sturm reingewaschene Himmel war von einem blassen, zarten Blau.

Mike und seinem Team war es erschöpft, aber erleichtert, gelungen, die Familie aus dem überfluteten Haus zu retten. Sie waren nun auf dem Weg zurück zur Feuerwache und liefen mit vorsichtigem Optimismus durch die mit Trümmern übersäten Straßen. Als sie an einem kleinen, ramponierten Bungalow vorbeikamen, bemerkte

Mike eine kleine Gestalt, die zusammengekauert auf der Veranda saß.

Es war Maya, bis auf die Knochen durchnässt, ihr Gesicht voller Tränen und Schmutz. Sie hielt ein kleines, gerahmtes Foto von ihr und Elena in der Hand, den einzigen Besitz, den sie aus den Trümmern ihres Hauses retten konnte. Mike hielt den Lastwagen an und eilte zu ihr.

Mit sanfter Stimme kniete er neben ihr nieder. „Geht es dir gut?" fragte er.

Maya blickte zu ihm auf, in ihren Augen lag eine Mischung aus Angst und Erschöpfung. Sie schüttelte den Kopf, ihre Stimme war kaum ein Flüstern. „Meine Großmutter... sie ist weg."

Mikes Herz schmerzte wegen des kleinen Mädchens. Er wickelte sie in eine Decke und trug sie zum Lastwagen. Als er sie zum Tierheim fuhr, musste er an die verheerende Kraft des Sturms und die Widerstandskraft des menschlichen Geistes denken. Er wusste, dass der Weg zur Genesung lang und schwierig sein würde, aber er wusste auch, dass die Gemeinschaft zusammenkommen würde, um sich gegenseitig zu unterstützen, ihr Leben wieder aufzubauen und das Andenken derer zu ehren, die sie verloren hatten.

The Surge: Wände aus Wasser

Der Wind heulte wie eine Todesfee, riss an den Fensterläden und ließ die Fenster von Elenas Strandhäuschen klappern. Regen prasselte gegen das Glas und verwischte die Welt draußen in einem grauen, wirbelnden Chaos. Aber es waren nicht der Wind oder der Regen, die Elena wirklich Angst machten. Es war das Meer.

Sie hatte ihr ganzes Leben an diesem Küstenabschnitt Floridas gelebt und unzählige Stürme miterlebt. Aber sie hatte noch nie erlebt, dass sich das Meer so verhielt. Es war nicht mehr das vertraute, rhythmische Auf und Ab. Stattdessen war es ein monströses, aufsteigendes Biest, das sich an der Küste festklammerte und hungrig danach war, alles zu verschlingen, was ihm in den Weg kam.

Dies war die Sturmflut, der tödlichste Aspekt des Hurrikans Milton. Es war nicht nur ein Anstieg des Meeresspiegels; Es war eine Wasserwand, die von den heftigen Winden des Hurrikans angetrieben wurde und mit unaufhaltsamer Kraft landeinwärts strömte.

Die Wissenschaft dahinter war einfach, aber erschreckend. Als sich der Hurrikan seinem Tiefdruckzentrum näherte, saugte er die Meeresoberfläche nach oben und bildete eine Wasserkuppel. Die starken Winde drückten diese Kuppel dann in Richtung Küste, was mit der Flut zusammenfiel, um den Effekt zu verstärken. Je flacher die Küstengewässer sind, desto höher ist die Brandung.

Für Elena waren die Zahlen keine abstrakten Zahlen mehr in einem Wetterbericht. Sie waren eine erschreckende Realität. Das National Hurricane Center hatte für ihr Gebiet eine Sturmflut von bis zu

12 Fuß vorhergesagt. Das bedeutete, dass ihre gesamte Nachbarschaft, nur wenige Meter über dem Meeresspiegel, unter Wasser stehen könnte.

Als die Dunkelheit hereinbrach, begann die Welle ihren unaufhaltsamen Vormarsch. Elena sah entsetzt zu, wie der Strand in den aufgewühlten Wellen verschwand. Das Wasser kroch die Dünen hinauf, verschluckte die Promenade, strömte dann in die Straßen und verwandelte sie in reißende Flüsse.

Häuser, die näher am Ufer lagen, waren die ersten, die dem Untergang zum Opfer fielen. Elena sah, wie sich die Veranda eines Nachbarn löste und davonschwebte, gefolgt vom gesamten Gebäude, das unter dem unerbittlichen Ansturm zusammenbrach. Autos bewegten sich wie Spielzeug, ihre Hupen gaben einen vergeblichen Alarm.

Bei der Welle handelte es sich nicht nur um Wasser; Es war ein Rammbock, der Trümmer – entwurzelte Bäume, zerbrochene Zäune, Teile von Häusern – mit sich führte und alles auf seinem Weg zerschmetterte. Der Lärm war ohrenbetäubend: das Rauschen der Wellen, das Krachen der Trümmer, der Wind, der durch die zerbrochenen Fenster brüllte.

Elena war auf ihren Dachboden evakuiert worden, den höchsten Punkt ihrer Hütte. Sie kauerte da, eine Taschenlampe in der Hand, ihr Herz hämmerte in ihrer Brust. Das Wasser stieg stetig und schwappte bereits auf die Dielen.

Sie dachte an ihre Nachbarn, ihre Freunde, ihre Gemeinschaft. Wie viele Leben würden verloren gehen? Wie viele Häuser wurden zerstört? Sie erkannte, dass die Sturmflut nicht nur ein natürliches Phänomen war; Es war eine Kraft, die Leben und Landschaften innerhalb weniger Stunden umgestalten konnte.

Gegen Mitternacht erreichte der Anstieg seinen Höhepunkt. Elenas Dachboden wurde zu einer Insel in einem Meer aus wirbelnden Trümmern. Sie spürte, wie das Haus unter ihr ächzte und knarrte, aus Angst, es könnte jeden Moment einstürzen. Aber irgendwie hat es gehalten.

Als die Morgendämmerung anbrach, begann der Sturm nachzulassen. Der Wind ließ nach, der Regen wurde zu Nieselregen, und die Brandung ließ langsam nach und hinterließ eine Spur der Verwüstung.

Elena stieg vorsichtig vom Dachboden herab. Ihr Häuschen war ein Wrack, die Möbel waren umgekippt, die Wände waren durchnässt, die Böden waren mit Schlamm und Schutt bedeckt. Aber es stand immer noch. Sie hatte überlebt.

Als sie nach draußen ging, bot sich ihr ein Bild völliger Zerstörung. Häuser wurden in Schutt und Asche gelegt, Autos lagen zerfetzt da und die Straßen waren mit Trümmern verstopft. Die vertrauten Wahrzeichen ihrer Nachbarschaft waren verschwunden, ausgelöscht durch die Heftigkeit der Sturmflut.

Die folgenden Tage waren ein Nebel aus Schock, Trauer und Erschöpfung. Elena unterstützte ihre Nachbarn bei der mühsamen Aufgabe, aufzuräumen, zu retten, was sie konnten, und den langen, langsamen Prozess des Wiederaufbaus ihres Lebens und ihrer Gemeinschaft einzuleiten.

Die Sturmflut hatte in ihrem Leben unauslöschliche Spuren hinterlassen, eine Erinnerung an die rohe Kraft des Ozeans und die Zerbrechlichkeit der menschlichen Existenz. Aber es hatte auch die Stärke des menschlichen Geistes offenbart, die Widerstandsfähigkeit einer Gemeinschaft, die durch gemeinsame Verluste und die Entschlossenheit zum Wiederaufbau zusammengehalten wurde.

Die Geschichte von Elena und ihrer Gemeinde ist nur ein Beispiel für die verheerenden Auswirkungen der Sturmflut während des Hurrikans Milton. An der Küste Floridas spielten sich ähnliche Szenen ab. In manchen Gegenden erreichte die Flutwelle atemberaubende 15 Fuß, überschwemmte ganze Stadtviertel und verursachte katastrophale Schäden.

Der wirtschaftliche Schaden war immens. Unternehmen wurden zerstört, der Tourismus kam zum Erliegen und die Infrastruktur lag in Trümmern. Die Kosten für den Wiederaufbau würden astronomisch hoch sein und die emotionalen Narben würden noch viele Jahre zurückbleiben.

Hurrikan Milton war eine deutliche Erinnerung an die zerstörerische Kraft einer Sturmflut, eine Kraft, die eine vertraute Landschaft innerhalb weniger Stunden in einen Schauplatz unvorstellbaren Chaos verwandeln kann.

Winde des Wandels: Tanz der Zerstörung

Der Wind begann als Flüstern. Ein leises Stöhnen durch die Palmen, ein Rascheln der Blätter auf eine Art und Weise, die nicht ganz richtig war. Gegen Mittag war aus dem Flüstern ein Heulen geworden. Der Himmel, einst ein leuchtendes Florida-Blau, war jetzt blau, schwer und bedrohlich. Wir wussten, dass Milton in der Nähe war.

Natürlich hatten wir die Fenster vernagelt. Meine Frau Sarah bestand darauf, sie ebenfalls abzukleben, als zusätzlichen Schutz vor dem Unsichtbaren. Die Nachrichtenberichte waren unerbittlich – „Sturm des Jahrhunderts" nannten sie es. Bilder huschten über den Bildschirm: tosende Meereswellen, verlassene Autobahnen und diese wirbelnden roten und orangefarbenen Grafiken, die immer direkt auf uns zu zeigen schienen.

Am späten Nachmittag war die Welt draußen verschwommen. Der Regen peitschte gegen das Haus und wurde von einem Wind, der zu schreien schien, zur Seite getrieben. Es war, als würde ein Monster versuchen, sich hineinzudrängen. Wir drängten uns im Wohnzimmer zusammen, wir drei – Sarah, die kleine Emily und ich. Emily, Gott segne sie, versuchte mutig zu sein, aber ihre Augen waren vor Angst weit aufgerissen.

Dann kam die erste Böe. Es war nicht nur Wind; Es war eine solide Wand aus Gewalt, die mit einem Gebrüll gegen das Haus prallte, das das ganze Gebäude erzittern ließ. Draußen brach etwas – vielleicht ein Ast oder eine Stromleitung. Die Lichter flackerten und erloschen und tauchten uns in Dunkelheit.

Wir zündeten Kerzen an, deren winzige Flammen im wachsenden Chaos flackerten. Der Wind war jetzt unerbittlich, ein ständiger Rammbock gegen die Wände. Jede Böe fühlte sich wie ein Angriff an, eine Prüfung der Stärke unseres kleinen Hauses. Ich konnte hören, wie draußen Dinge zerbrachen – das Krachen eines Zauns, das Zersplittern von Glas.

Plötzlich durchdrang ein neues Geräusch die Wut des Sturms – ein hohes Kreischen, das mir Schauer über den Rücken jagte. Es war das Dach. Der Wind zerrte daran und löste die Dachschindeln, als wären sie nichts. Ich packte Sarah und Emily, zog sie an mich und betete, dass das Ganze nicht auseinanderreißen würde.

Die folgenden Stunden waren ein Albtraum. Wir drängten uns zusammen und lauschten dem Sturm, der um uns herum tobte. Der Wind heulte wie eine Todesfee, unterbrochen von den schrecklichen Geräuschen der Zerstörung. Bäume brachen, Trümmer flogen umher und das Haus ächzte unter dem Ansturm.

Irgendwann habe ich das Zeitgefühl verloren. Es fühlte sich an wie eine Ewigkeit. Doch langsam und allmählich ließ der Wind nach. Das Heulen ließ nach und wurde durch ein leises, trauriges Stöhnen ersetzt. Der Regen hielt an, aber das Schlimmste war überstanden.

Als die Morgendämmerung endlich anbrach, offenbarte sich eine veränderte Welt. Unsere einst vertraute Nachbarschaft war ein Schauplatz der Verwüstung. Bäume lagen entwurzelt, Häuser wurden beschädigt und Trümmer lagen überall verstreut. Die Straße war überschwemmt und die Stromleitungen sackten gefährlich ab.

Wir verließen unser ramponiertes Haus und blinzelten im fahlen Licht. Die Luft war erfüllt vom Geruch von feuchtem Holz und Salzwasser. Die Stille war nach der Kakophonie des Sturms fast ohrenbetäubend.

Wir hatten Glück. Obwohl unser Haus beschädigt war, stand es noch. Andere hatten nicht so viel Glück. Unten an der Straße war das Dach eines Nachbarn komplett abgerissen worden. Auf der anderen Straßenseite war eine riesige Eiche umgestürzt und hatte ein Auto unter ihrem Gewicht zerquetscht.

Die folgenden Tage waren ein geschäftiges Treiben. Wir räumten Trümmer weg, halfen Nachbarn und versuchten, unser Leben wieder in Ordnung zu bringen. Es entstanden Geschichten, von denen jede ein Beweis für die Heftigkeit des Sturms und die Widerstandskraft des menschlichen Geistes ist.

Da war Frau Henderson, die ältere Frau, die allein lebte und von einer Gruppe Teenager aus ihrem überschwemmten Haus gerettet wurde. Und Mr.

Johnson, der pensionierte Feuerwehrmann, der mit seiner Kettensäge umgestürzte Bäume wegräumte und den Menschen half, ihre Einfahrten zu verlassen.

Und dann war da noch der kleine Tommy, der Junge, der nebenan wohnte. Während des Sturms hatte er schreckliche Angst gehabt, aber danach war er draußen, um allen zu helfen, seine kleinen Hände trugen Eimer mit Wasser und sagten aufmunternde Worte.

Milton hatte versucht, uns zu brechen, aber es scheiterte. Der Wind, der Regen, die Zerstörung – alles war furchterregend gewesen. Aber danach fanden wir Stärke ineinander. Wir haben wieder aufgebaut, uns erholt und sind gestärkt daraus hervorgegangen. Der Wind der Veränderung wehte, aber er hatte unseren Geist nicht ausgelöscht. Sie hatten tatsächlich die Flammen der Gemeinschaft und der Widerstandsfähigkeit angefacht.

KAPITEL 5: VERnarbte LANDSCHAFTEN: DIE NACHWIRKUNGEN ENTHÜLLT

Eine zerstörte Küstengemeinde

Die salzige Luft, einst Lebensquelle und Lebensgrundlage für die Bewohner von Siesta Key, trug jetzt den bitteren Beigeschmack der Verwüstung in sich. Hurrikan Milton hatte seine Spuren hinterlassen, eine Narbe, die sich tief in das Herz dieser einst lebendigen Küstengemeinde gegraben hatte. Wo einst bunte Strandhäuser gestanden hatten, waren jetzt nur noch zertrümmerte Fundamente übrig, übersät mit den Trümmern plötzlich umgestürzter Leben.

Das türkisfarbene Wasser, das Touristen und Einheimische gleichermaßen an die unberührten Küsten von Siesta Key gelockt hatte, war jetzt von aufgewühltem Braun und übersät mit den Überresten von Booten und Docks, die aus ihren Liegeplätzen gerissen wurden. Palmen, die sich einst anmutig in der sanften Meeresbrise wiegten, lagen zerknickt und entwurzelt da, ihre Wedel verstreut wie weggeworfene Federn. Der ikonische Siesta Key Beach, berühmt für seinen puderweißen Sand, war jetzt nicht mehr wiederzuerkennen, erodiert und vernarbt, die Landschaft für immer verändert.

Für Maria Sanchez, die Besitzerin eines kleinen Strandcafés, brachte der Morgen nach dem Sturm eine Welle der Ungläubigkeit und Verzweiflung mit sich. Ihr Café, „Maria's Sunshine Cafe", ein beliebter Ort vor Ort, der für seine frischen Meeresfrüchte und seine herzliche Gastfreundschaft bekannt ist, wurde in Schutt und Asche gelegt. Die fröhlichen gelben Wände, geschmückt mit Marias handgemalten Wandgemälden, waren zerfallen und der vertraute Duft von frisch gebrühtem Kaffee wurde durch den feuchten Geruch der Verwesung ersetzt.

„Es war mein Leben", flüsterte Maria mit zitternder Stimme, als sie das Wrack betrachtete. „Es war mehr als nur ein Geschäft, es war ein Ort, an dem Menschen zusammenkamen und Erinnerungen geschaffen wurden. Jetzt ist es weg."

Marias Geschichte hallte im gesamten Siesta Key wider. Familien drängten sich in provisorischen Unterkünften zusammen, ihre Häuser waren unbewohnbar, ihre Habseligkeiten waren der Gewalt des Sturms zum Opfer gefallen. Ältere und schutzbedürftige Menschen, insbesondere Alleinstehende, standen vor enormen Herausforderungen, ihre Unterstützungssysteme waren unterbrochen und ihr Zugang zu lebenswichtigen Dienstleistungen war abgeschnitten.

Der unmittelbare Bedarf war überwältigend: Nahrung, Wasser, Unterkunft, medizinische Versorgung. Die erste Reaktion wurde durch blockierte Straßen, ausgefallene Stromleitungen und gestörte Kommunikationsnetze behindert. Doch inmitten des Chaos flackerte der Geist der Widerstandsfähigkeit auf. Nachbarn halfen Nachbarn und teilten das Wenige, das sie hatten. Die Ersthelfer arbeiteten unermüdlich und kämpften unter tückischen Bedingungen, um die Bedürftigen zu erreichen.

Freiwillige aus dem ganzen Bundesstaat strömten nach Siesta Key und brachten dringend benötigte Vorräte und einen Hoffnungsschimmer mit. In Gemeindezentren wurden provisorische Kliniken eingerichtet, die eine medizinische Grundversorgung gewährleisteten und lebenswichtige Medikamente verteilten. Lebensmittelbanken traten in Aktion und boten denjenigen, die alles verloren hatten, warme Mahlzeiten und Lebensmittel an.

Der Genesungsprozess war langsam und mühsam. Die mit Trümmern übersäten Straßen wurden nach und nach geräumt, die Stromleitungen wurden mühsam wieder angeschlossen und die Grundversorgung wurde langsam wiederhergestellt.

Dennoch waren die emotionalen Narben tief. Das Trauma des Sturms, der Verlust von Häusern und Lebensgrundlagen, die Ungewissheit über die Zukunft – das waren Belastungen, deren Heilung einige Zeit in Anspruch nehmen würde.

Inmitten der Verwüstung entstanden Geschichten über Mut und Mitgefühl. Eine Gruppe junger Surfer, deren eigene Häuser beschädigt waren, nutzte ihre Surfbretter, um gestrandete Bewohner aus überfluteten Gebieten zu retten. Eine örtliche Kirche öffnete ihre Türen und bot denjenigen Schutz und Trost, die sonst nirgendwo hingehen konnten. Eine pensionierte Krankenschwester, deren eigenes Haus zerstört war, richtete eine provisorische Erste-Hilfe-Station ein und kümmerte sich mit unerschütterlichem Engagement um die Verletzten.

Diese kleinen und großen Taten der Freundlichkeit waren die Fäden, die die Gemeinschaft wieder zusammenfügten. Die gemeinsame Erfahrung des Verlustes und die gemeinsame Anstrengung zum

Wiederaufbau schufen ein neues Gefühl der Einheit, die Entschlossenheit, aus der Asche aufzuerstehen.

Als die Sonne über Siesta Key unterzugehen begann und lange Schatten über die zerstörte Landschaft warf, flackerte neben dem anhaltenden Schmerz ein Gefühl der Hoffnung auf. Der Weg zur Genesung würde lang sein, aber der Geist von Siesta Key würde ebenso wie die widerstandsfähigen Mangroven, die sich an der Küste festhielten, Bestand haben. Der Sturm hatte viel gekostet, aber er hatte auch die Stärke, das Mitgefühl und die Widerstandskraft offenbart, die im Herzen dieser Küstengemeinde ruhten.

Der Tribut an die Schätze der Natur

Der Tribut an den Schätzen der Natur: Als Hurrikan Milton abzog, waren die Narben in der Landschaft Floridas nicht nur an Gebäuden und Straßen zu sehen. Der Sturm hatte die Naturwunder des Staates zerstört und eine Spur der Zerstörung hinterlassen, deren Heilung Jahre, wenn nicht Jahrzehnte dauern würde.

Stellen Sie sich die einst lebendigen Seegraswiesen vor der Küste vor, die jetzt unter Tonnen von Sand begraben sind, der von der Sturmflut aufgewirbelt wurde. Diese Unterwassergärten, wichtige Kinderstuben für Fische und Zufluchtsorte für Seekühe, waren nun erstickend. Dr. Emily Carter, Meeresbiologin bei der Florida Fish and Wildlife Conservation Commission, begutachtete die Schäden schweren Herzens. „Es ist wie eine Unterwasserwüste", sagte sie mit besorgter Stimme. „Diese Wiesen sind die Grundlage des Küstenökosystems. Ihr Verlust wird sich auf die Nahrungskette auswirken."

Weiter im Landesinneren waren die Auswirkungen des Sturms auf die Mangrovenwälder ebenso verheerend. Diese verworrenen, salztoleranten Bäume, die für den Schutz der Küste vor Erosion und als Lebensraum für unzählige Arten von entscheidender Bedeutung waren, waren nun ein Durcheinander aus abgebrochenen Ästen und entwurzelten Stämmen. „Mangroven sind unglaublich widerstandsfähig", erklärte Dr. Carlos Mendez, Botaniker an der University of Miami, „aber auch sie haben ihre Grenzen. Es wird Jahre dauern, bis sie sich von diesem Schadensniveau erholt haben."

Die Sturmflut, eine monströse Wasserwand, die von Miltons Winden angetrieben wurde, hatte Nistplätze von Meeresschildkröten entlang der Küste überschwemmt. Nester von Unechten Karettschildkröten und Grünen Meeresschildkröten, die Wochen zuvor mühsam gegraben und mit Eiern gefüllt worden waren, wurden weggespült, und die Hoffnungen auf eine neue Generation wurden buchstäblich ins Meer geschwemmt. Freiwillige der Sea Turtle Conservancy befanden sich nun in einem verzweifelten Wettlauf gegen die Zeit, suchten nach überlebenden Nestern und verlegten sie auf höher gelegene Gebiete. „Es ist herzzerreißend", teilte Sarah Miller, eine erfahrene Freiwillige, mit. In ihren Augen spiegelten sich die Erschöpfung und die Sorge wider, die sich in ihr Gesicht geschrieben hatten. „Wir tun alles, was wir können, aber die Verluste sind immens."

Die Süßwasserfeuchtgebiete, die aufgrund ihrer Fähigkeit, Schadstoffe zu filtern, als „Nieren" des Ökosystems bekannt sind, wurden von der Flut an Regen- und Meerwasser überschwemmt. Diese giftige Mischung störte das empfindliche Gleichgewicht und bedrohte das Überleben der Amphibien, Reptilien und Watvögel, die in diesen Feuchtgebieten beheimatet waren. „Der Salzgehalt liegt weit daneben", erklärte Mark Johnson, Umweltwissenschaftler bei der Everglades Foundation. „Dies könnte langfristige Folgen für das gesamte Ökosystem haben."

Über den unmittelbaren Schaden hinaus gaben die Auswirkungen des Hurrikans auf die Wasserressourcen zunehmend Anlass zur Sorge. Das Eindringen von Salzwasser in Süßwassergrundwasserleiter als Folge der Sturmflut drohte die Trinkwasserversorgung zu verunreinigen. Abflüsse aus überschwemmten städtischen Gebieten trugen Schadstoffe wie Düngemittel und Pestizide in Flüsse und Flussmündungen, was die Wasserqualität weiter beeinträchtigte.

Die Geschichte der Auswirkungen des Hurrikans Milton auf die Umwelt Floridas ist eine Geschichte des Verlustes, aber auch der Widerstandsfähigkeit. Die Natur verfügt über eine bemerkenswerte Fähigkeit zur Heilung, und mit der Zeit werden die Seegraswiesen nachwachsen, die Mangroven werden ihre Wurzeln wieder aufbauen und die Meeresschildkröten kehren in ihre Nester zurück. Aber der Sturm ist eine deutliche Erinnerung an die Vernetzung aller Lebewesen und die dringende Notwendigkeit, unsere Naturschätze zu schützen.

Die Bemühungen von Wissenschaftlern, Naturschützern und Freiwilligen sind ein Hoffnungsschimmer. Dr. Carter und ihr Team arbeiten an der Neubepflanzung von Seegraswiesen, während Dr. Mendez die Bemühungen zur

Wiederherstellung beschädigter Mangrovenwälder leitet. Sarah und ihre ehrenamtlichen Kollegen arbeiten unermüdlich daran, die Nester der Meeresschildkröten zu schützen, und Mark überwacht die Wasserqualität und setzt sich für Maßnahmen zum Schutz der wertvollen Feuchtgebiete Floridas ein.

Hurrikan Milton hinterließ Spuren in den Ökosystemen Floridas, löste aber auch eine neue Entschlossenheit aus, das Naturerbe des Staates zu schützen und wiederherzustellen. Das Erbe des Sturms wird eine Geschichte sowohl der Zerstörung als auch der Erneuerung sein, ein Zeugnis der anhaltenden Kraft der Natur und des menschlichen Geistes.

KAPITEL 6: TRIUMPH ÜBER DIE TRAGÖDIE: GESCHICHTEN DER WIDERSTANDSFÄHIGKEIT

Die Helfer: Leuchtfeuer im Dunkeln

Hurrikan Milton hatte seine Gewalt entfesselt und eine Spur der Zerstörung hinterlassen. Häuser wurden in Schutt und Asche gelegt, Straßen wurden überschwemmt und die einst lebendigen Küstengemeinden Floridas waren in eine Dunkelheit gehüllt, die undurchdringlich schien. Doch selbst angesichts dieser Verwüstung flackerte im menschlichen Geist eine unbezwingbare Flamme. Als sich die Gewitterwolken teilten und die ersten Strahlen der Morgendämmerung durchbrachen, begann sich ein Sturm der anderen

Art zusammenzuziehen – ein Sturm des Mitgefühls, der Selbstlosigkeit und der unerschütterlichen Entschlossenheit.

Die Ersthelfer, jene mutigen Männer und Frauen, die der Gefahr entgegeneilen, wenn andere fliehen, gehörten zu den Ersten, die aus dem Chaos hervorkamen. Feuerwehrleute, Sanitäter und Polizisten, deren Uniformen durchnässt waren und deren Gesichter vor Erschöpfung gezeichnet waren, arbeiteten unermüdlich daran, Trümmer zu beseitigen, die Eingeschlossenen zu retten und medizinische Notfallversorgung zu leisten. Sie waren die Leuchtfeuer in der Dunkelheit, ihre Anwesenheit ein Symbol der Hoffnung inmitten der Trümmer.

Ein solcher Leuchtturm war Captain Emily Rodriguez, eine erfahrene Feuerwehrfrau der Feuerwehr von Sarasota County. Während der Sturm tobte, bewältigten Emily und ihr Team tückische Überschwemmungen und reagierten auf verzweifelte Hilferufe. Sie zogen Familien aus eingestürzten Häusern, retteten gestrandete Autofahrer aus überfluteten Fahrzeugen und spendeten denen Trost, die alles verloren hatten. Emily, selbst Mutter von zwei Kindern, konnte den Gedanken nicht ertragen, dass jemand zurückgelassen wurde. Ihr Mut und ihr Engagement inspirierten ihr Team und die Gemeinschaft, der sie diente.

Aber es waren nicht nur die Ersthelfer, die dem Aufruf zum Handeln folgten. Freiwillige aus dem ganzen Staat und darüber hinaus strömten in die betroffenen Gebiete, ihre Herzen erfüllt von dem Wunsch zu helfen. Sie kamen mit Lastwagen, die mit Vorräten beladen waren, mit Kettensägen, um umgestürzte Bäume zu beseitigen, und mit Leuten, die für den Wiederaufbau bereit waren. Sie errichteten provisorische Unterkünfte, verteilten Lebensmittel und Wasser und boten ihnen eine Schulter zum Ausweinen an.

Zu diesen Freiwilligen gehörte auch Sarah Miller, eine pensionierte Krankenschwester aus Orlando.

Sarah hatte die Verwüstung in den Nachrichten miterlebt und fühlte sich gezwungen, etwas zu unternehmen. Sie packte ihre Koffer, sammelte einige grundlegende medizinische Vorräte ein und fuhr in Richtung Küste. In der zerstörten Stadt Venedig fand sie eine örtliche Kirche, die in eine provisorische Klinik umgewandelt worden war. Dort schloss sie sich einem Team freiwilliger Ärzte und Krankenschwestern an, kümmerte sich um die Verletzten, spendete Trost und spendete inmitten der Verzweiflung einen Hoffnungsschimmer.

Auch Gemeinschaftsorganisationen spielten bei den Wiederherstellungsbemühungen eine wichtige Rolle. Kirchen, Synagogen und Moscheen öffneten ihre Türen und boten Unterkunft, Nahrung und spirituelle Unterstützung. Lokale Unternehmen spendeten Vorräte, boten Rabatte an und stellten den Bedürftigen sogar kostenlose Dienstleistungen zur Verfügung. Das Gemeinschaftsgefühl, das gemeinsame Ziel und die kollektive Verantwortung waren spürbar.

In der kleinen Stadt Englewood verwandelte der örtliche Rotary Club seinen Versammlungssaal in ein Verteilungszentrum. Unter der Leitung ihres Präsidenten Michael Johnson, der seit jeher in der Stadt lebt, sammelten sie Spenden, organisierten Freiwillige und sorgten dafür, dass die Hilfe diejenigen erreichte, die sie am meisten brauchten. Michael, dessen eigenes Haus durch den Sturm beschädigt worden war, arbeitete unermüdlich, angetrieben von einem tiefen Verantwortungsgefühl gegenüber seiner Gemeinde.

Dies sind nur einige der unzähligen Geschichten über Heldentum, Mitgefühl und Widerstandsfähigkeit, die aus den Trümmern des Hurrikans Milton hervorgingen. Die Helfer, die Leuchtfeuer im Dunkeln, waren überall. Sie waren die Ersthelfer, die ihr Leben riskierten, um andere zu retten, die Freiwilligen, die ihre Zeit und Ressourcen zur Verfügung stellten, und die Gemeinschaftsorganisationen, die ein Gefühl der Einheit und Unterstützung vermittelten. Ihr Handeln, angetrieben von einer gemeinsamen

Menschlichkeit und einem unerschütterlichen Glauben an die Kraft des menschlichen Geistes, beleuchtete den Weg zur Genesung und erinnerte uns daran, dass es auch in den dunkelsten Zeiten immer Licht gibt.

Gegen alle Chancen: Überlebensgeschichten

Der Wind heulte wie eine Todesfee und zerrte am Dach des kleinen Strandhäuschens. Regen prasselte gegen die Fenster und verwischte die Welt draußen in einem wirbelnden grauen Chaos. Drinnen, zusammengedrängt mit ihren beiden kleinen Kindern und ihrem alternden Labrador, verspürte Sarah eine Angstwelle, wie sie sie noch nie erlebt hatte. Hurrikan Milton war angekommen.

Sarah waren Stürme nicht fremd. Sie lebte an der Küste Floridas und hatte eine ganze Reihe von Hurrikanen überstanden. Aber Milton war anders. Dies war ein Monster, eine Naturgewalt, die entschlossen zu sein schien, alles zu verschlingen, was ihr in den Weg kam. Während der Sturm tobte, ächzte und bebte das Haus, und Sarah wusste, dass sie dort nicht bleiben konnten.

„Wir müssen gehen", schrie sie mit zitternder Stimme durch den tosenden Wind. „Der Dachboden! Jetzt!"

Sie kletterten die wackelige Leiter hinauf und quetschten sich in den engen Dachboden, während der Hund zu ihren Füßen wimmerte. Die folgenden Stunden waren ein Nebel aus Terror und Unsicherheit. Das Dach knarrte bedrohlich, und der Wind schien an den Wänden zu zerkratzen und drohte, das Haus auseinanderzureißen. Sarah hielt ihre Kinder fest an sich und flüsterte ihnen beruhigende Worte zu, die sie selbst kaum spürte.

Als der Sturm schließlich vorüberzog und eine unheimliche Stille hinterließ, verließen sie den Dachboden und stellten fest, dass sich ihre Welt verändert hatte. Die Hütte war ramponiert, stand aber noch. Draußen war die Landschaft nicht wiederzuerkennen – Bäume entwurzelt, Häuser in Schutt und Asche gelegt, Trümmer überall verstreut. Aber sie lebten.

Sarahs Geschichte ist nur eine von unzähligen Überlebensgeschichten, die aus den Trümmern des Hurrikans Milton entstanden sind. Entlang der Küste Floridas begegneten Menschen dem Sturm mit Mut und Widerstandskraft, ihre Geschichten zeugen von der Stärke des menschlichen Geistes.

Da war der alte Mann Thomas, der sich weigerte, sein Haus am Strand zu verlassen, trotz der obligatorischen Evakuierungsanordnung. „Dieses Haus hat Schlimmeres überstanden", hatte er erklärt, seine Stimme war schroff, aber erfüllt von den Stürmen, die er ein Leben lang in Florida überstanden hatte. Er überstand den Hurrikan in seiner Badewanne, einem provisorischen Unterschlupf, der mit Sandsäcken und Sperrholz befestigt war. Als der Sturm nachließ, kam er durchnässt, aber unversehrt heraus und fand sein Haus zwar ramponiert, aber immer noch aufrecht.

„Ich habe es dir gesagt", sagte er mit einem Augenzwinkern zu einem Rettungshelfer, sein Geist war ungebrochen.

Dann war da noch Maria, eine alleinerziehende Mutter von drei Kindern, die in ihrer überschwemmten Wohnung mit steigendem Wasser gefangen war. Da sie keine Möglichkeit hatte zu entkommen, hievte sie ihre Kinder auf die Küchentheke, den höchsten Punkt der Wohnung. Stundenlang drängten sie sich zusammen, das Wasser kroch höher und ihre Angst wuchs mit jedem Augenblick. Aber Maria gab die Hoffnung nie auf. Sie sang ihren Kindern Lieder vor, erzählte ihnen Geschichten und hielt ihre Stimmung aufrecht, bis die Retter endlich eintrafen.

Angesichts dieser Verwüstung strahlten Taten der Freundlichkeit und des Mutes hell aus. Nachbarn halfen Nachbarn und teilten Essen, Wasser und Unterkunft. Aus Fremden wurden Freunde, die Trost und Unterstützung spendeten. Die Gemeinden schlossen sich zusammen, räumten Trümmer weg, leisteten Hilfe und begannen mit dem langen Prozess des Wiederaufbaus.

Eine solche Geschichte ist die der „Cajun Navy", einer Gruppe Freiwilliger aus Louisiana, die mit ihren Booten nach Florida reisten, um bei Rettungsbemühungen zu helfen. Sie navigierten durch überflutete Straßen und retteten gestrandete Bewohner von Dächern und Dachböden. Ihr selbstloses Handeln rettete unzählige Leben und brachte denen Hoffnung, die alles verloren hatten.

In diesen Überlebensgeschichten geht es nicht nur um körperliche Ausdauer; Es geht ihnen um die Widerstandsfähigkeit des menschlichen Geistes. Bei ihnen geht es um den Mut, sich dem Unbekannten zu stellen, um die Entschlossenheit, geliebte Menschen zu beschützen, und um die Freundlichkeit, den Bedürftigen zu helfen. Angesichts der unvorstellbaren Not fanden diese Einzelpersonen und Familien die Kraft, weiterzumachen, und ihre Geschichten waren nach der Katastrophe ein Leuchtfeuer der Hoffnung.

Die Geschichte von Emily, einer jungen Krankenschwester, veranschaulicht diesen Geist. Als der Hurrikan zuschlug, arbeitete Emily in der Nachtschicht im örtlichen Krankenhaus. Als sich der Sturm verstärkte, verlor das Krankenhaus den Strom und das Gebäude begann zu überfluten. Trotz der Gefahr blieb Emily auf ihrem Posten und kümmerte sich mit unerschütterlicher Hingabe um ihre Patienten. Sie arbeitete die ganze Nacht hindurch unermüdlich und nutzte Taschenlampen und batteriebetriebene Geräte, um ihre Patienten am Leben zu halten. Als der Sturm schließlich vorüberzog, kam sie erschöpft, aber ungebeugt heraus, eine wahre Heldin inmitten des Chaos.

Diese Überlebensgeschichten sind eine eindrucksvolle Erinnerung an die Stärke, die in uns allen steckt. Sie zeigen uns, dass wir selbst in den dunkelsten Zeiten zu außergewöhnlichem Mut, Belastbarkeit und Mitgefühl fähig sind. Es sind Geschichten voller Hoffnung und Inspiration, die uns daran erinnern, dass der menschliche Geist auch angesichts überwältigender Widrigkeiten siegen kann.

Wiedergeborene Gemeinschaft: Die Kraft der Einheit

Der salzige Geruch des zurückgehenden Hochwassers vermischte sich mit dem Duft von Kiefernnadeln und feuchter Erde. Der Sonnenaufgang tauchte den Himmel in blassviolette und verhaltene Orangetöne, ein starker Kontrast zu der tintenschwarzen Dunkelheit, die nur wenige Stunden zuvor die Küste verschluckt hatte. Hurrikan Milton war vorbei und hinterließ eine Spur der Verwüstung, die sich so weit das Auge reichte erstreckte. Häuser waren nur noch zersplittertes Holz und zersplittertes Glas, vertraute Wahrzeichen waren nicht mehr wiederzuerkennen und die Straßen waren mit Trümmern übersät. Aber inmitten der Trümmer braute sich ein Sturm der anderen Art zusammen – ein Sturm des menschlichen Mitgefühls, der Widerstandsfähigkeit und des unerschütterlichen Gemeinschaftsgeists.

In der kleinen Küstenstadt Cedar Key wurde die Realität hart getroffen. Die Sturmflut hatte die Ufermauer durchbrochen und Häuser und Geschäfte überschwemmt. Die malerische Hauptstraße, auf der sich normalerweise Touristen und Einheimische tummelten, war jetzt ein schlammiger, mit Trümmern übersäter Weg. Doch noch bevor die Sonne ganz aufgegangen war, waren die Menschen von Cedar Key bereits an der Arbeit, ihre Gesichter zeigten eine Mischung aus Schock und Entschlossenheit.

Sarah, eine alleinerziehende Mutter von zwei Kindern, stand inmitten der Trümmer ihres kleinen Häuschens und ihre Augen tränten, als sie den Schaden betrachtete. Ihr Nachbar, der alte Mr. Johnson, ein wettergegerbter Fischer, der schon viele Stürme erlebt hatte, legte ihr tröstend die Hand auf die Schulter. „Mach dir keine Sorgen, Sarah", sagte er mit schroffer, aber freundlicher Stimme. „Wir werden das gemeinsam durchstehen."

Und das taten sie. Nachbarn halfen Nachbarn bei der Beseitigung von Trümmern und teilten die wenigen Lebensmittel und Wasser, die sie geborgen hatten. Die örtliche Kirche, deren Dach teilweise eingestürzt war, wurde zu einem provisorischen Unterschlupf und bot Zuflucht und warme Mahlzeiten für diejenigen, die ihr Zuhause verloren hatten. Freiwillige aus umliegenden Städten kamen mit Kettensägen und Lastwagen und waren bereit, mitzuhelfen.

Der Geist der Einheit war ansteckend. Menschen, die noch nie zuvor gesprochen hatten, arbeiteten Seite an Seite, tauschten Geschichten aus und boten Unterstützung an. Kinder, deren Gesichter noch immer die Spuren der Angst trugen, spielten in den Trümmern, ihr Lachen war ein willkommener Klang inmitten der Verwüstung.

In der gesamten Region ereigneten sich ähnliche Szenen. In der Stadt Sarasota organisierte eine

Gruppe von College-Studenten eine Spendenaktion und sammelte Kleidung, Decken und Toilettenartikel für Bedürftige. Ein örtlicher Restaurantbesitzer öffnete seine Türen und bot Ersthelfern und vertriebenen Bewohnern kostenlose Mahlzeiten an. Selbst inmitten ihrer eigenen Verluste haben Menschen Wege gefunden, etwas zurückzugeben, eine helfende Hand anzubieten und eine Quelle der Stärke für andere zu sein.

In den folgenden Tagen und Wochen begann der Wiederaufbauprozess. Bautrupps trafen ein, hämmerten und sägten und setzten langsam die zerstörten Überreste von Häusern und Geschäften zusammen. Es strömten weiterhin Freiwillige herbei, ihre Energie und ihr Enthusiasmus waren ein Hoffnungsschimmer. Die Gemeinschaft kam auf eine Weise zusammen, die sowohl inspirierend als auch demütigend war.

Eines Abends, als die Sonne hinter dem Horizont versank und lange Schatten über die zerstörte Landschaft warf, versammelte sich eine Gruppe

Anwohner am Strand. Sie zündeten Kerzen an, deren flackernde Flammen im sanften Wind tanzten, ein Symbol der Hoffnung und Erinnerung. Sie erzählten Geschichten von Verlust und Widerstandsfähigkeit, von Angst und Mut, von den Bindungen, die im Schmelztiegel des Sturms geknüpft worden waren.

Als die Tage zu Wochen und die Wochen zu Monaten wurden, blieben die Narben des Hurrikans Milton zurück. Aber auch der Geist der Einheit, das Gemeinschaftsgefühl, das aus den Trümmern entstanden war, blieb erhalten. Der Sturm hatte ihre Stärke auf die Probe gestellt, aber auch ihre Widerstandsfähigkeit, ihre Fähigkeit zum Mitgefühl und ihren unerschütterlichen Glauben an die Kraft der menschlichen Verbindung offenbart.

Die Geschichte von Cedar Key und unzähligen anderen Gemeinden in ganz Florida wurde zu einem Beweis für den beständigen menschlichen Geist. Es war die Geschichte von Nachbarn, die Nachbarn halfen, von Fremden, die zu Freunden wurden, von einer Gemeinschaft, die aus der Asche einer Katastrophe wiedergeboren wurde. Es war eine Geschichte der Einheit, der Widerstandsfähigkeit und des unerschütterlichen Glaubens, dass selbst in den dunkelsten Zeiten die Hoffnung siegen kann.

Diese Erfahrung verdeutlichte die wesentlichen Elemente, die dazu beitragen, dass eine Gemeinschaft nach einer Katastrophe nicht nur überleben, sondern auch gedeihen kann:

- **Starkes soziales Gefüge:** Gemeinschaften mit bereits bestehenden Verbindungen und einem Gefühl der kollektiven Identität waren besser in der Lage, sich gegenseitig zu unterstützen. Cedar Key mit seiner engen Gemeinschaft hat die Kraft etablierter Beziehungen in Krisenzeiten unter Beweis gestellt.
- **Effektive Kommunikation:** Eine klare und zeitnahe Kommunikation seitens der örtlichen Behörden und Gemeindevorsteher war von entscheidender Bedeutung, um die

Hilfsmaßnahmen zu koordinieren und sicherzustellen, dass die Menschen Zugang zu wichtigen Informationen und Ressourcen hatten.

- **Ressourcenfreigabe:** Die Bereitschaft von Einzelpersonen und Unternehmen, Ressourcen zu teilen, sei es Nahrung, Wasser, Unterkünfte oder Werkzeuge, spielte eine entscheidende Rolle bei der Befriedigung unmittelbarer Bedürfnisse und der Förderung eines Gefühls der kollektiven Verantwortung.
- **Freiwilligenarbeit:** Der Zustrom von Freiwilligen aus benachbarten Städten und dem gesamten Bundesstaat stellte dringend benötigte Arbeitskräfte und Unterstützung für die Wiederherstellungsbemühungen bereit. Ihre selbstlosen Beiträge waren ein eindrucksvoller Beweis menschlichen Mitgefühls.
- **Anpassungsfähigkeit und Innovation:** Die Fähigkeit, sich an veränderte Umstände

anzupassen und kreative Lösungen für Herausforderungen zu finden, war von entscheidender Bedeutung. Die Kirche in Cedar Key beispielsweise wurde in eine Notunterkunft umgewandelt und demonstrierte damit die Flexibilität und den Einfallsreichtum der Gemeinde.

- **Langfristige Vision:** Während es von entscheidender Bedeutung war, auf unmittelbare Bedürfnisse einzugehen, erkannten die Gemeinden auch die Bedeutung einer langfristigen Erholung und eines Wiederaufbaus. Dazu gehörte nicht nur der physische Wiederaufbau, sondern auch die Auseinandersetzung mit den emotionalen und psychologischen Auswirkungen der Katastrophe.

TEIL III:
REFLEXIONEN UND
DIE ZUKUNFT

KAPITEL 7: LEBEN WIEDERAUFBAUEN: DER LANGE WEG ZURÜCK

Die Stücke aufsammeln

Der Morgen nach Hurrikan Milton fühlte sich an, als würde man einen anderen Planeten betreten. Die vertraute Landschaft von Siesta Key war verschwunden und wurde durch eine Szene völliger Verwüstung ersetzt. Wo einst lebhafte Strandhäuser standen, sind heute nur noch zerstörte Fundamente übrig. Wie gefallene Riesen lagen Palmen auf den Straßen ausgestreckt, ihre einst so stolzen Wedel waren kahl geworden. Die Luft war erfüllt vom Geruch von Salz und feuchtem Holz und knisterte von einer beunruhigenden Stille, die nur durch das ferne Heulen der Sirenen unterbrochen wurde.

Für Maria Sanchez wurde die Realität des Sturms hart getroffen, als sie aus der engen Unterkunft kam, die sie mit Dutzenden anderen Familien geteilt hatte. Ihr Zuhause, ein bescheidener Bungalow nur ein paar Blocks vom Strand entfernt, war nicht wiederzuerkennen. Das Dach war abgerissen worden und hinterließ ein klaffendes Loch in den Himmel. Im Inneren waren die Möbel umgeworfen, durchnässt und mit Trümmern bedeckt. Maria spürte, wie eine Welle der Verzweiflung sie überkam. Wohin würde sie gehen? Was würde sie tun?

Überall auf der Insel spielten sich ähnliche Szenen der Zerstörung und Verwirrung ab. Familien drängten sich inmitten der Ruinen ihrer Häuser zusammen und versuchten, das Ausmaß der Katastrophe zu begreifen. Die Grundbedürfnisse des Lebens – Unterkunft, Nahrung, Wasser – waren plötzlich knapp und kostbar. Das Stromnetz war ausgefallen und die Insel lag im Dunkeln. Der Mobilfunkdienst war bestenfalls lückenhaft, was die Kommunikation mit den Lieben zu einer frustrierenden Tortur machte.

Die unmittelbare Herausforderung war das Überleben. Viele Menschen hatten alles verloren. Diejenigen, deren Häuser noch standen, stellten fest, dass sie unbewohnbar waren, ohne Strom und fließendes Wasser. Die Verletzten benötigten ärztliche Hilfe, der Zugang zu Krankenhäusern war jedoch eingeschränkt. Das Gefühl von Schock und Orientierungslosigkeit war spürbar.

Inmitten des Chaos zeichneten sich erste Anzeichen einer organisierten Hilfe ab. Die Nationalgarde traf ein, räumte Trümmer von den Straßen und richtete Notunterkünfte ein. Das Rote Kreuz richtete Verteilungsstellen ein und versorgte Bedürftige mit Nahrungsmitteln, Wasser und Decken. Freiwillige vor Ort, von denen viele ebenfalls ihr Zuhause verloren hatten, halfen ihren Nachbarn.

Maria fand zusammen mit ihren beiden kleinen Kindern Zuflucht in einer provisorischen Unterkunft im örtlichen Gemeindezentrum. Es war überfüllt und ungemütlich, aber es bot ihnen ein Dach über dem Kopf und ein Gefühl der Sicherheit.

Freiwillige sorgten für warme Mahlzeiten und ein offenes Ohr. Maria verspürte einen Funken Hoffnung, das Gefühl, dass sie das durchstehen würden.

Die folgenden Tage waren ein geschäftiges Treiben. Hilfsorganisationen strömten in die Gegend und brachten dringend benötigte Hilfsgüter und Fachwissen. Vertreter der FEMA begannen mit der mühsamen Aufgabe, den Schaden zu beurteilen und denjenigen zu helfen, die ihr Zuhause verloren hatten. Ärzteteams richten provisorische Kliniken ein, kümmern sich um die Verletzten und leisten die Grundversorgung.

Die Herausforderungen waren immens. Das Ausmaß der Zerstörung war überwältigend. Die Ressourcen waren knapp. Doch langsam begann die Insel Lebenszeichen zu zeigen. Trümmer wurden beseitigt, Stromleitungen repariert und Geschäfte begannen wieder zu öffnen. Das im Schmelztiegel der Katastrophe entstandene Gemeinschaftsgefühl war stärker denn je.

Maria fand mit Hilfe des Roten Kreuzes eine vorübergehende Unterkunft in einer nahegelegenen Stadt. Es war nicht viel, aber es war ein Ort, den sie ihr Zuhause nennen konnte, während sie über ihre nächsten Schritte nachdachte. Sie meldete ihre Kinder in der örtlichen Schule an und begann mit der Beantragung von FEMA-Unterstützung. Der Weg, der vor ihr lag, war lang und ungewiss, aber sie war entschlossen, ihr Leben neu aufzubauen.

Die Geschichte von Siesta Key nach dem Hurrikan Milton ist ein Beweis für die Widerstandsfähigkeit des menschlichen Geistes. Es ist eine Geschichte von Verlust und Not, aber auch von Mut, Mitgefühl und der Kraft der Gemeinschaft. Es ist eine Erinnerung daran, dass es auch angesichts unvorstellbarer Verwüstung immer Hoffnung gibt.

Die Ökonomie der Erholung

Der salzige Geruch des zurückweichenden Ozeans hing immer noch schwer in der Luft, eine ständige Erinnerung an Miltons Zorn. Sarah starrte auf die

Trümmer ihres Strandcafés „Sandy Shores", dessen Name mittlerweile eine grausame Ironie ist. Verbogenes Metall, zersplittertes Holz und aufgetürmter Sand, wo einst gemütliche Tische und der Duft von frischem Kaffee Touristen und Einheimische gleichermaßen willkommen hießen. Das war nicht nur ein Gebäude; Es war ihr Lebensunterhalt, ihr Traum, den sie fünf Jahre lang mühsam aufgebaut hatte. Nun war es ein Opfer von Miltons wirtschaftlichem Amoklauf.

Die wirtschaftlichen Folgen des Hurrikans Milton in Florida waren erschütternd. Vorläufige Schätzungen gingen von einem Schaden in zweistelliger Milliardenhöhe aus, eine Zahl, die zweifellos noch steigen würde, je klarer das volle Ausmaß der Verwüstung wird. Abgesehen von den unmittelbaren Rettungs- und Hilfskosten zeichnete sich die langfristige wirtschaftliche Erholung wie ein gewaltiger Berg ab, den es zu erklimmen galt.

Infrastruktur in Trümmern

Straßen verbeulten sich und Brücken stürzten unter dem Ansturm der Sturmflut ein. Stromleitungen lagen verheddert wie heruntergefallene Spinnweben und stürzten Millionen in die Dunkelheit. Wasseraufbereitungsanlagen waren lahmgelegt, so dass die Gemeinden kein sauberes Trinkwasser mehr hatten. Die grundlegende Infrastruktur, die Floridas Wirtschaft stützte, war zerstört, was nicht nur das tägliche Leben, sondern auch die Fähigkeit zum Wiederaufbau behinderte.

Die Kosten für die Reparatur und den Ersatz dieser beschädigten Infrastruktur waren immens. Bundeshilfe wäre von entscheidender Bedeutung, aber selbst mit staatlicher Unterstützung wäre die finanzielle Belastung für die lokalen Gemeinschaften erheblich. Erhöhte Steuern, Sonderveranlagungen und die Umleitung von Mitteln aus anderen wesentlichen Dienstleistungen waren wahrscheinliche Szenarien auf dem langen Weg zur Erholung.

Geschäfte angeschlagen

Für Unternehmen wie Sarah's Café waren die Auswirkungen unmittelbar und verheerend. Entgangene Einnahmen, beschädigte Lagerbestände und die Kosten für Reparaturen oder Wiederaufbauten schufen ein finanzielles schwarzes Loch, das drohte, sie vollständig zu verschlingen. Viele kleine Unternehmen, die bereits mit geringen Gewinnspannen arbeiten, standen vor der düsteren Aussicht auf eine dauerhafte Schließung.

Auch größere Unternehmen waren nicht immun. Hotels und Resorts, die Lebensadern der Tourismusbranche Floridas, erlitten erhebliche Schäden. Die Lieferketten wurden unterbrochen, so dass Unternehmen ohne lebenswichtige Güter und Materialien auskamen. Die Auswirkungen dieser Störungen breiteten sich auf die gesamte Wirtschaft des Staates aus und wirkten sich auf Industriezweige aus, die weit über diejenigen hinausgehen, die direkt vom Sturm betroffen waren.

Der Tourismus erleidet einen Schlag

Floridas berühmte Strände, einst ein Touristenmagnet, sind heute von Trümmern und Erosion übersät. Berühmte Wahrzeichen wurden beschädigt oder zerstört. Die Wahrnehmung Floridas als sonniges Paradies erlitt einen Rückschlag, mit möglicherweise langfristigen Folgen für die Tourismusbranche, einem wichtigen Motor der Wirtschaft des Staates.

Der Verlust an Tourismuseinnahmen wäre im gesamten Bundesstaat zu spüren, von Hotels und Restaurants bis hin zu Fluggesellschaften und Attraktionen. Die Wiederherstellung des Images Floridas als sicheres und begehrenswertes Reiseziel wäre ein entscheidender Teil der wirtschaftlichen Erholung und erfordert erhebliche Investitionen in Marketing und Werbung.

Die Belastung des Einzelnen

Über die makroökonomischen Auswirkungen hinaus war die finanzielle Belastung für den

Einzelnen immens. Häuser wurden beschädigt oder zerstört, Habseligkeiten gingen verloren und Arbeitsplätze wurden zerstört oder gingen ganz verloren. Viele standen vor der gewaltigen Aufgabe, ihr Leben trotz begrenzter Ressourcen und ungewisser Zukunft neu aufzubauen.

Versicherungen spielten eine entscheidende Rolle im Genesungsprozess, aber die Komplexität der Versicherungsansprüche und die Möglichkeit von Streitigkeiten fügten der ohnehin schon schwierigen Situation noch mehr Stress hinzu. Für diejenigen, die nicht ausreichend versichert waren oder durch das Raster des Systems fielen, waren die finanziellen Herausforderungen noch größer.

Der lange Weg liegt vor uns

Die wirtschaftliche Erholung nach Hurrikan Milton wäre ein Marathon und kein Sprint. Es würde eine konzertierte Anstrengung von Einzelpersonen, Unternehmen und der Regierung auf allen Ebenen erfordern. Belastbarkeit, Innovation und

Gemeinschaftsgeist wären wesentliche Bestandteile dieser langen und herausfordernden Reise.

Für Sarah, die inmitten der Trümmer ihres Cafés stand, schien die Zukunft ungewiss. Aber sie war nicht allein. Die Community versammelte sich und bot Unterstützung und Ressourcen an. Es begannen staatliche Hilfen zu fließen. Und Sarah schmiedete mit dem Mut und der Entschlossenheit, die ihren Unternehmergeist befeuert hatten, bereits Pläne für den Wiederaufbau, stärker und widerstandsfähiger als zuvor.

Die wirtschaftlichen Narben des Hurrikans Milton würden tiefgreifend sein, aber sie würden auch als Erinnerung an die Stärke und Widerstandsfähigkeit des menschlichen Geistes dienen. Der Weg zur Erholung wäre lang, aber mit gemeinsamer Anstrengung und unerschütterlicher Entschlossenheit würde Florida wieder aufsteigen.

Narben, die bleiben

Die salzige Luft, einst ein vertrauter Trost, hatte jetzt einen bitteren Beigeschmack von Verlust. Sarah starrte auf die skelettierten Überreste ihres Hauses, von dem die einst leuchtend blaue Farbe entfernt worden war und das rohe, verletzte Holz darunter zum Vorschein kam. Hurrikan Milton war vorbei, aber sein Geist blieb in den zersplitterten Balken, den zerbrochenen Fenstern und den Trümmerbergen, die die Straßen säumten, zurück. Dabei ging es nicht nur um den Wiederaufbau eines Hauses; Es ging darum, ein Leben, eine Gemeinschaft und ein Gefühl der Normalität wieder aufzubauen, das sich gestohlen anfühlte.

Der anfängliche Schock war einem dumpfen Schmerz der Erschöpfung gewichen. Die Tage verschwimmen in einem Kreislauf aus der Beseitigung von Trümmern, der Einreichung von Versicherungsansprüchen und der Navigation durch das Labyrinth der FEMA-Unterstützung. Die körperlichen Wunden waren offensichtlich – die

Schnitte und Prellungen, die schmerzenden Rücken von stundenlanger, mühsamer Arbeit. Aber es waren die unsichtbaren Narben, die tiefer gingen, die ihren Schlaf verfolgten und an ihren wachen Momenten festhielten.

Der kleine Timmy, normalerweise ein Wirbelwind voller Energie, hatte sich zurückgezogen und sein Lachen war einer leisen Angst gewichen. Er klammerte sich an seinen Stoffbären, seine Augen waren vor Angst weit aufgerissen, die Sarah nicht ganz auslöschen konnte. Der Sturm hatte ihnen mehr als nur ihren Besitz genommen; Es hatte ihnen das Gefühl der Sicherheit genommen und eine Zerbrechlichkeit zurückgelassen, von der Sarah befürchtete, dass es Jahre dauern würde, sie zu heilen.

Am anderen Ende der Stadt saß Mr. Johnson, ein pensionierter Fischer, der in seinem Leben unzählige Stürme überstanden hatte, auf seiner Hollywoodschaukel und starrte auf den leeren Platz, an dem einst sein Boot stand. Sein Lebensunterhalt, seine Leidenschaft waren in einer einzigen Nacht vernichtet worden. Die Falten in seinem Gesicht schienen tiefer zu sein, seine übliche heitere Stimmung wurde durch eine stille Resignation ersetzt. Er war sich nicht sicher, ob er die Energie hatte, noch einmal anzufangen und das wieder aufzubauen, was das Meer so rücksichtslos beansprucht hatte.

Die Herausforderungen waren immens. Es gab kaum Bauunternehmer, die Materialien verzögerten sich und die Kosten für den Wiederaufbau schienen unüberwindbar. Familien wurden in Notunterkünften zusammengepfercht oder mit Verwandten zusammengepfercht, ihre Privatsphäre wurde zerstört, ihre Routinen wurden gestört. Das Gemeinschaftsgefühl, einst eine Quelle der Stärke, wurde nun durch gemeinsame Not und den Wettbewerb um begrenzte Ressourcen belastet.

Der Tribut an die psychische Gesundheit wurde immer offensichtlicher. Schlaflose Nächte, Angstzustände und Depressionen waren weit verbreitet. Kinder litten unter Albträumen und Trennungsangst, während Erwachsene mit Verlustgefühlen, Trauer und einem Gefühl der Machtlosigkeit zu kämpfen hatten. Die örtliche Klinik war überfüllt, das Wartezimmer voller Menschen, die Trost und Unterstützung suchten.

Doch inmitten der Verwüstung gab es Hoffnungsschimmer. Nachbarn halfen Nachbarn, teilten Essen, Werkzeug und eine Schulter zum Anlehnen. Freiwillige aus dem ganzen Land strömten herbei und stellten ihre Zeit und ihr Können zur Verfügung, um bei den Aufräum- und Wiederaufbauarbeiten zu helfen. Das Gemeindezentrum, das auf wundersame Weise von größeren Schäden verschont blieb, wurde zu einem Zentrum der Aktivität, das Mahlzeiten, Beratungsdienste und ein Gefühl für das gemeinsame Ziel bot.

Der Genesungsprozess war langsam, ungleichmäßig und zutiefst persönlich. Für manche ging es darum, einen neuen Wohnort, einen neuen Job, ein neues

Gefühl der Stabilität zu finden. Für andere ging es darum, sich mit ihrem Trauma auseinanderzusetzen, eine Therapie zu suchen und Wege zu finden, mit den emotionalen Narben umzugehen. Für die Gemeinschaft als Ganzes ging es darum, zusammenzukommen, gestärkt wieder aufzubauen und aus den Lehren des Sturms zu lernen.

Mit Timmy an ihrer Seite sicherte sich Sarah endlich eine kleine Mietwohnung. Es war nicht viel, aber es war ein Anfang. Sie meldete Timmy an einer örtlichen Schule an, wo Betreuer geschult wurden, um Kindern bei der Bewältigung der Folgen des Hurrikans zu helfen. Langsam sah sie, wie der Funke in seine Augen zurückkehrte und das Lachen seinen Weg zurück in ihr Leben fand.

Mit Hilfe seiner Nachbarn und einem Kleinkredit gelang es Herrn Johnson, ein gebrauchtes Boot zu kaufen. Es war nicht dasselbe wie sein altes, aber es war ein Symbol der Hoffnung, eine Möglichkeit, seine Identität und seine Verbindung zum Meer zurückzugewinnen. Er wusste, dass der Weg vor ihm lang sein würde, aber er war nicht mehr allein.

Die Narben des Hurrikans Milton würden bleiben und sich in die Landschaft und die Erinnerungen derer einprägen, die ihn erlebt haben. Aber sie waren auch ein Beweis für die Widerstandsfähigkeit des menschlichen Geistes, die Kraft der Gemeinschaft und die anhaltende Hoffnung, dass das Leben selbst angesichts der Verwüstung einen Weg findet, sich wieder aufzubauen und wieder zu erblühen.

KAPITEL 8: MILTON'S LEKTIONEN: EIN AUFRUF ZUR VERÄNDERUNG

Die Misserfolge und die Erfolge

Hurrikan Milton war wie jede größere Katastrophe ein harter, aber notwendiger Lehrmeister. Es hat Schwachstellen in unseren Systemen aufgedeckt, die Grenzen unserer Vorbereitung auf die Probe gestellt und letztendlich sowohl unsere Stärken als auch unsere Schwächen angesichts überwältigender Naturgewalten offenbart. Während der Sturm eine Spur der Zerstörung hinterließ, zeigte er auch den Weg in eine widerstandsfähigere Zukunft auf, gepflastert mit den Lehren aus unseren Erfolgen und Misserfolgen.

Evakuierungsverfahren: Eine gemischte Sache

Die vor Milton erlassenen Evakuierungsbefehle waren in vielerlei Hinsicht eine Erfolgsgeschichte.

Millionen beachteten die Warnungen und suchten Schutz in Notunterkünften oder bei Familien weiter im Landesinneren. Obwohl die Autobahnen verstopft waren, verliefen sie größtenteils in die richtige Richtung, ein Beweis für jahrelange Aufklärungskampagnen und eine verbesserte Infrastruktur.

Allerdings waren auch Risse im System erkennbar. Viele gefährdete Bevölkerungsgruppen, insbesondere ältere Menschen, Behinderte und Menschen ohne Zugang zu Transportmitteln, hatten Schwierigkeiten bei der Evakuierung. Sarah, eine 82-jährige Einwohnerin von Sarasota, war gestrandet, als ihr üblicher Paratransit-Dienst überlastet war. „Ich habe angerufen und angerufen", erzählte sie später, „aber die Leitungen waren besetzt. Ich fühlte mich verlassen." Ihre Geschichte war leider nicht einzigartig.

Darüber hinaus ließ der Zeitpunkt der Evakuierungsbefehle in einigen Gebieten zu wünschen übrig. Die rasche Verschärfung der Lage in Milton überraschte einige Beamte, was zu verzögerten Entscheidungen und einem Gefühl der Panik unter den Bewohnern führte. Eine klarere Kommunikation und eine proaktivere Entscheidungsfindung, insbesondere angesichts sich schnell ändernder Prognosen, sind entscheidende Bereiche für Verbesserungen.

Notunterkünfte: Angespannt, aber standhaft

Das Netzwerk von Notunterkünften in ganz Florida spielte eine entscheidende Rolle bei der Bereitstellung von Zuflucht für die Evakuierten. Viele funktionierten reibungslos und boten in Krisenzeiten Grundbedürfnisse und ein Gemeinschaftsgefühl. Die Freiwilligen arbeiteten unermüdlich und verkörperten den Geist des Mitgefühls und der Solidarität, der oft angesichts einer Katastrophe zum Vorschein kommt.

Doch die schiere Zahl der Evakuierten stellte eine enorme Belastung für das System dar. Überbelegung war ein häufiges Problem, das zu Unannehmlichkeiten und in einigen Fällen zu

Sicherheitsbedenken führte. An bestimmten Orten gingen die Vorräte zur Neige und der Zugang zu lebenswichtigen Dienstleistungen wie medizinischer Versorgung war manchmal eingeschränkt.

Die Erfahrung der Familie Johnson, die an einer örtlichen High School Schutz suchte, verdeutlicht diese Herausforderungen. „Wir wurden wie Ölsardinen zusammengepfercht", erinnert sich Herr Johnson. „Die Kinderbetten standen eng beieinander, es gab nicht genug Privatsphäre und der Lärm hielt die Kinder die ganze Nacht wach." Er war zwar dankbar für das Tierheim, betonte jedoch die Notwendigkeit geräumigerer Einrichtungen und eines besseren Ressourcenmanagements.

Verteilung der Hilfe: Ein Wettlauf gegen die Zeit

Unmittelbar nach dem Sturm war die Verteilung der Hilfsgüter eine lebenswichtige Lebensader für die Betroffenen. Organisationen wie das Rote Kreuz, die FEMA und unzählige lokale Gruppen mobilisierten schnell und stellten Nahrung, Wasser, medizinische Versorgung und Notunterkünfte zur Verfügung. Die enorme Unterstützung, sowohl aus Florida als auch aus dem ganzen Land, war ein Beweis menschlicher Freundlichkeit und Großzügigkeit.

Allerdings waren die logistischen Herausforderungen immens. Beschädigte Straßen und ausgefallene Stromleitungen erschwerten den Zugang zu einigen der am stärksten betroffenen Gebiete. Kommunikationsstörungen und mangelnde Koordination zwischen den Behörden führten zu Verzögerungen und Verwirrung. In einigen Fällen erreichte die Hilfe nur langsam diejenigen, die sie am meisten brauchten.

Maria, eine alleinerziehende Mutter, deren Haus schwer beschädigt wurde, wartete tagelang auf Hilfe. „Ich fühlte mich verloren und vergessen", teilte sie mit. „Wir hatten keinen Strom, kein sauberes Wasser und mir gingen die Windeln für mein Baby aus. Es fühlte sich an, als hätte niemand gewusst, dass wir hier waren." Ihre Erfahrung unterstreicht die Notwendigkeit effizienterer und gerechterer Hilfsverteilungssysteme, insbesondere für gefährdete Bevölkerungsgruppen.

Lehren für die Zukunft: Aufbau einer stärkeren Zukunft

Obwohl Hurrikan Milton verheerend war, lieferte er unschätzbare Lehren, die unsere Bemühungen zur Verbesserung der Katastrophenvorsorge und -reaktion leiten können. Hier sind einige wichtige Erkenntnisse:

- **Gefährdete Bevölkerungsgruppen priorisieren:** Entwickeln Sie gezielte Evakuierungspläne und Unterstützungssysteme für ältere Menschen, Behinderte und Menschen mit begrenzten Ressourcen. Stellen Sie sicher, dass Unterkünfte zugänglich und ausgestattet sind, um den Bedürfnissen unterschiedlicher Bevölkerungsgruppen gerecht zu werden.

- **Verbessern Sie die Kommunikation und Koordination:** Verbessern Sie die Kommunikationskanäle zwischen Regierungsbehörden, Hilfsorganisationen und der Öffentlichkeit. Legen Sie klare Protokolle für den Informationsaustausch und die Entscheidungsfindung fest, insbesondere in sich schnell entwickelnden Situationen.
- **Investieren Sie in eine belastbare Infrastruktur:** Stärken Sie kritische Infrastrukturen wie Stromnetze, Transportnetze und Kommunikationssysteme, um den Auswirkungen von Hurrikanen standzuhalten. Fördern Sie Bauvorschriften und Landnutzungsrichtlinien, die Sicherheit und Widerstandsfähigkeit in den Vordergrund stellen.
- **Gemeinschaften stärken:** Unterstützen Sie gemeinschaftsbasierte Vorsorgeinitiativen und befähigen Sie lokale Führungskräfte,

eine zentrale Rolle bei der Katastrophenhilfe zu spielen. Fördern Sie eine Kultur der Bereitschaft und Widerstandsfähigkeit auf Nachbarschaftsebene.

- **Embrace-Technologie:** Nutzen Sie Technologie, um Frühwarnsysteme, Evakuierungsplanung, Schadensbewertung und Hilfsverteilung zu verbessern. Entdecken Sie den Einsatz von Drohnen, künstlicher Intelligenz und anderen innovativen Tools zur Verbesserung der Katastrophenhilfe.

Bereitschaft neu denken

Hurrikan Milton tobte durch die Gegend und hinterließ eine Spur der Verwüstung, die weit über umgestürzte Palmen und überschwemmte Häuser hinausreichte. Es zerstörte die Illusion von Sicherheit und erzwang eine strenge Realitätsprüfung darüber, wie gut wir wirklich vorbereitet sind, wenn die Natur ihre Gewalt entfesselt. Auch wenn der Sturm vorüber ist, bleiben die Lehren, die er in den Sand geätzt hat, bestehen, eine deutliche Erinnerung daran, dass ein Umdenken in der Vorbereitung keine Wahl mehr, sondern eine Notwendigkeit ist.

Das alte Sprichwort „Das Beste hoffen, sich auf das Schlimmste vorbereiten" erhält nach Milton eine neue Bedeutung. Wir haben aus erster Hand gesehen, wie schnell ein Sturm der Kategorie 1 zu einem monströsen Sturm der Kategorie 5 eskalieren kann, sodass denjenigen, die zögerten, zu handeln, nur wenig Zeit blieb. Frühwarnsysteme, einst für viele ein Hintergrundgeräusch, wurden zu Lebensadern. Diejenigen, die die Warnungen beachteten, die ihre „Reisetaschen" packten und sich, wenn man sie darauf anwies, auf eine höhere Ebene begaben, schnitten deutlich besser ab als diejenigen, die an Selbstgefälligkeit oder Unglauben festhielten.

Die Evakuierungsplanung, die oft als Unannehmlichkeit abgetan wurde, erwies sich als eine Frage von Leben und Tod. Die chaotischen

Szenen auf verstopften Autobahnen, die verzweifelte Suche nach Unterkünften – sie zeichneten ein düsteres Bild davon, was passiert, wenn Aufschub auf Panik trifft. Milton lehrte uns, dass Evakuierungswege deutlich gekennzeichnet und leicht zugänglich sein müssen, dass Notunterkünfte ausreichend ausgestattet und besetzt sein müssen und dass die Kommunikation der Behörden glasklar und zeitnah sein muss.

Doch die Vorbereitung geht über das Beherzigen von Warnungen und einen Fluchtplan hinaus. Es geht darum, über die Ressourcen zu verfügen, um den Sturm zu überstehen, im wahrsten Sinne des Wortes und im übertragenen Sinne. Eine gut gefüllte Katastrophenausrüstung ist keine Empfehlung mehr, sondern ein Muss. Denken Sie über die Grundlagen von Wasser und Batterien hinaus. Denken Sie an Medikamente, wichtige Dokumente, Komfortartikel für Kinder und Zubehör für Haustiere.

Nehmen Sie die Geschichte von Maria, einer alleinerziehenden Mutter, die in einer kleinen Küstenstadt lebte. Als der Evakuierungsbefehl kam, zögerte sie. Ihre ältere Mutter war auf eine Sauerstoffflasche angewiesen und der Gedanke, mit ihr durch die überfüllten Notunterkünfte zu navigieren, schien überwältigend. Aber Maria hatte einen Plan. Ihr „Go-Bag" war nicht nur eine Reisetasche; Es war ein sorgfältig zusammengestelltes Überlebenskit. Zusätzliche Sauerstofftanks, ein tragbares Ladegerät für den Vernebler ihrer Mutter, haltbare Lebensmittel für eine Woche und sogar ein Lieblingsbuch, das sie mit der Taschenlampe vorlesen kann. Maria und ihre Mutter überstanden den Sturm in einem robusten Unterschlupf im Landesinneren, wobei ihre Vorbereitung den entscheidenden Unterschied machte.

Milton betonte auch die entscheidende Rolle der Gemeinschaft bei der Katastrophenvorsorge. Nachbarn helfen Nachbarn, teilen Ressourcen und kümmern sich um die Schwachen – diese

Solidaritätsbekundungen wurden inmitten des Chaos zu Leuchtfeuern der Hoffnung. Gemeindezentren wurden in provisorische Unterkünfte umgewandelt, Freiwillige organisierten Hilfsaktionen und örtliche Unternehmen boten Bedürftigen ihre Dienste an.

Der Sturm hat die Kraft kollektiven Handelns deutlich gemacht, aber auch die Lücken offengelegt. In vielen Gemeinden fehlten angemessene Kommunikationssysteme, sodass sich die Bewohner isoliert und verletzlich fühlten. Andere hatten mit begrenzten Ressourcen zu kämpfen, insbesondere in unterversorgten Gebieten. Die Vorsorge neu zu überdenken bedeutet, diese Ungleichheiten anzugehen und sicherzustellen, dass jeder Zugang zu den Informationen und der Unterstützung hat, die er zur Bewältigung einer Katastrophe benötigt.

Nach Milton müssen wir eine Entscheidung treffen. Wir können stärker und weiser wieder aufbauen, oder wir können wieder in Selbstgefälligkeit verfallen und darauf warten, dass der nächste Sturm uns überrascht. Beim Überdenken der Vorbereitung geht es nicht nur darum, den Sturm zu überleben; es geht darum, danach zu gedeihen. Es geht darum, Gemeinschaften zu schaffen, die belastbar, einfallsreich und bereit sind, sich allen Herausforderungen zu stellen, die auf sie zukommen.

Praktische Schritte zum Überdenken der Bereitschaft:

- **Entwickeln Sie einen Notfallplan für die Familie:** Dazu sollten Evakuierungswege, Treffpunkte und Kontaktinformationen für Familienmitglieder gehören.
- **Erstellen Sie ein Kit mit Katastrophenvorräten:** Bewahren Sie es mit dem Nötigsten wie Wasser, Lebensmitteln, Erste-Hilfe-Artikeln, Medikamenten und wichtigen Dokumenten auf.
- **Bleiben Sie informiert:** Melden Sie sich für lokale Warnungen und Warnungen an und

überwachen Sie regelmäßig die Wettervorhersagen.

- **Kennen Sie Ihre Evakuierungszone:** Verstehen Sie den Evakuierungsplan Ihrer Gemeinde und wissen Sie, wohin Sie gehen müssen, wenn ein Evakuierungsbefehl erlassen wird.
- **Stärken Sie Ihr Zuhause:** Ergreifen Sie Maßnahmen, um Ihr Zuhause widerstandsfähiger gegen Stürme zu machen, indem Sie beispielsweise Fenster und Türen sichern und Schmutz aus den Dachrinnen entfernen.
- **Beteiligen Sie sich an Ihrer Community:** Nehmen Sie an lokalen Bereitschaftsinitiativen teil und nutzen Sie Ihre Zeit, um anderen zu helfen.

Ressourcen:

- **Ready.gov:** Diese Website bietet umfassende Informationen zur Katastrophenvorsorge, einschließlich

Checklisten, Leitfäden und Ressourcen zum Aufbau eines Katastrophen-Kits.

- **Nationales Hurrikanzentrum:** Diese Website bietet aktuelle Informationen zu Hurrikanen und tropischen Stürmen, einschließlich Vorhersagen, Tracking-Karten und Sicherheitstipps.
- **FEMA:** Die Federal Emergency Management Agency stellt Ressourcen und Unterstützung für die Katastrophenvorsorge, -reaktion und -wiederherstellung bereit.
- **Ihre örtliche Katastrophenschutzbehörde:** Wenden Sie sich an Ihre EMA vor Ort, um Informationen zu spezifischen Gefahren in Ihrer Region und Ressourcen zur Vorbereitung vor Ort zu erhalten.

KAPITEL 9: EINE VERWANDELTE WELT: HURRIKANE UND UNSER KLIMA

Die Fingerabdrücke des Klimawandels

Die Verwüstungen, die Hurrikan Milton hinterlassen hat, sind denen, die seinen Zorn erlitten haben, noch immer lebendig in Erinnerung. Häuser wurden in Schutt und Asche gelegt, Geschäfte zerstört und Leben für immer verändert. Während die Wiederherstellungsbemühungen beginnen, bleibt eine entscheidende Frage bestehen: War dies einfach eine Naturgewalt, oder spielten menschliche Handlungen eine Rolle bei der Verstärkung ihrer zerstörerischen Kraft?

Die Wissenschaft ist klar: Der Klimawandel hinterlässt seine Spuren in Hurrikanen, verstärkt deren Wucht und erhöht ihr Zerstörungspotenzial. Während Hurrikane schon immer ein Teil des natürlichen Kreislaufs der Erde waren, bringt die Erwärmung unseres Planeten den Ausschlag und macht diese Stürme stärker und unvorhersehbarer.

Stellen Sie sich einen Topf mit Wasser vor, der auf einem Herd köchelt. Mit zunehmender Hitze sprudelt das Wasser stärker und der Dampf steigt mit größerer Kraft auf. Da die Ozeane der Erde die durch Treibhausgase gespeicherte Wärme absorbieren, stellen sie den Hurrikanen mehr Energie zur Verfügung. Dies führt zu höheren Windgeschwindigkeiten, mehr Niederschlägen und einem größeren Risiko für Sturmfluten, dem tödlichen Anstieg des Meeresspiegels, der bei Hurrikanen oft den größten Schaden anrichtet.

Ein Paradebeispiel hierfür ist die rasche Intensivierung des Hurrikans Milton, ein immer häufiger auftretendes Phänomen. Im Golf von

Mexiko verwandelte sich Milton innerhalb weniger Stunden von einem Sturm der Kategorie 1 in einen Giganten der Kategorie 5. Dieser schnelle Leistungsanstieg, der durch ungewöhnlich warme Meerestemperaturen ausgelöst wurde, überraschte viele und ließ weniger Zeit für die Vorbereitung.

Dr. Sarah Collins, eine führende Hurrikanforscherin an der University of Miami, erklärt: „Wir sehen in den letzten Jahren einen klaren Trend zu einer raschen Intensivierung. Wärmere Meerestemperaturen liefern den Treibstoff dafür, dass diese Stürme an Stärke explodieren, was sie unglaublich gefährlich macht." und es ist schwierig, eine genaue Vorhersage zu treffen."

Auch der Zusammenhang zwischen Klimawandel und Hurrikan-Niederschlägen wird immer offensichtlicher. Wenn sich die Atmosphäre erwärmt, speichert sie mehr Feuchtigkeit, was bei Stürmen zu stärkeren Regenfällen führt. Hurrikan Milton hat in ganz Florida heftige Regenfälle verursacht, die zu großflächigen

Überschwemmungen führten und die Schäden noch verschlimmerten.

„Das sind nicht mehr die Hurrikane Ihrer Großmutter", sagt Dr. Michael Johnson, Klimaforscher bei NOAA. „Sie sind feuchter, stärker und verweilen länger, was zu mehr Überschwemmungen und größerer Verwüstung führt."

Die Geschichte von Emily, einer Bewohnerin von Sarasota, Florida, veranschaulicht diese harte Realität. Als Milton näher kam, wurden sie und ihre Familie in eine örtliche Notunterkunft evakuiert. Als sie zurückkamen, war ihr Zuhause nicht wiederzuerkennen. „In unserem Wohnzimmer stand das Wasser hüfthoch", erzählt sie mit zitternder Stimme. „Wir haben alles verloren. Ich hätte nie gedacht, dass ein Sturm so viel Regen bringen könnte."

Emilys Erfahrung ist leider nicht einzigartig. Der Klimawandel erhöht das Risiko extremer Regenfälle und macht Hurrikane zu

Überschwemmungsmotoren. Küstengemeinden, die bereits anfällig für Sturmfluten sind, sind nun der zusätzlichen Gefahr einer Überschwemmung von oben ausgesetzt.

Die Auswirkungen des Klimawandels auf Hurrikane gehen jedoch über ihre Intensität und Niederschlagsmenge hinaus. Der steigende Meeresspiegel, eine direkte Folge der globalen Erwärmung, macht Sturmfluten noch zerstörerischer. Wenn der Meeresspiegel steigt, haben Sturmfluten einen höheren Ausgangspunkt, dringen weiter ins Landesinnere vor und verursachen größere Überschwemmungen.

Dr. Jennifer Thompson, Küsteningenieurin an der University of Florida, warnt: „Jeder Zentimeter Anstieg des Meeresspiegels verstärkt die Auswirkungen von Sturmfluten. Küstengemeinden sind mit einer doppelten Belastung konfrontiert – stärkeren Stürmen und einem höheren Meeresspiegel, was sie zunehmend anfällig macht."

zu den verheerenden Auswirkungen von Hurrikanen."

Die Beweise sind überwältigend: Der Klimawandel verändert die Natur von Hurrikanen und macht sie gefährlicher und zerstörerischer. Hurrikan Milton ist eine deutliche Erinnerung an diese Realität. Beim Wiederaufbau und der Erholung müssen wir die Rolle menschlichen Handelns bei dieser Katastrophe anerkennen und entscheidende Schritte unternehmen, um die Grundursache anzugehen – den Klimawandel.

Dabei geht es nicht nur darum, uns vor zukünftigen Stürmen zu schützen; Es geht darum, unseren Planeten für kommende Generationen zu schützen. Die Entscheidungen, die wir heute treffen, werden die Schwere der Hurrikane bestimmen, mit denen wir morgen konfrontiert werden. Es ist Zeit zu handeln, unseren CO_2-Fußabdruck zu verringern und eine widerstandsfähigere Zukunft für alle aufzubauen.

Die Wissenschaft des extremen Wetters

Das Klima der Erde ist ein komplexes und dynamisches System, und extreme Wetterereignisse sind ein natürlicher Teil dieses Systems. Da sich unser Klima jedoch verändert, beobachten wir eine Zunahme der Häufigkeit und Intensität dieser Ereignisse. Dabei geht es nicht nur um heißere Sommer oder kältere Winter. Wir sprechen von Hurrikanen, die sich mit beispielloser Geschwindigkeit verstärken, wie Milton, oder von sintflutartigen Regenfällen, die verheerende Überschwemmungen verursachen, wie denen, die Helene folgten. Diese Ereignisse sind eine deutliche Erinnerung daran, dass sich unser Klima verändert und dass diese Veränderungen einen echten Einfluss auf unser Leben haben.

Um zu verstehen, warum diese Veränderungen stattfinden, müssen wir die grundlegende Wissenschaft hinter extremen Wetterbedingungen verstehen. Beginnen wir mit Hurrikanen, diesen wirbelnden Riesen aus Wind und Regen, die eine immer wiederkehrende Bedrohung für Küstengemeinden darstellen. Hurrikane entstehen über warmen Meeresgewässern in der Nähe des Äquators. Wenn warme, feuchte Luft aufsteigt und abkühlt, bildet sie Gewitterwolken und gibt Wärme ab, was das Wachstum des Sturms weiter fördert. Durch die Rotation der Erde drehen sich diese Stürme und es entsteht der charakteristische Wirbelsturm, den wir als Hurrikan kennen.

Aber Hurrikane sind nur eine Art von Extremwetter. Es gibt auch Überschwemmungen, Dürren, Hitzewellen und Schneestürme, jede mit ihren eigenen, einzigartigen Ursachen und Folgen. Überschwemmungen können beispielsweise durch übermäßige Regenfälle, schnelle Schneeschmelze oder Sturmfluten auftreten, wie sie Küstengemeinden während des Hurrikans Milton überschwemmten. Dürren hingegen entstehen durch längere niederschlagsarme Perioden, die zu

Wasserknappheit führen und sich auf Landwirtschaft und Ökosysteme auswirken.

Hitzewellen, die in einer sich erwärmenden Welt immer häufiger vorkommen, sind längere Perioden übermäßig heißen Wetters, oft begleitet von hoher Luftfeuchtigkeit. Diese Ereignisse können schwerwiegende gesundheitliche Folgen haben, insbesondere für gefährdete Bevölkerungsgruppen wie ältere Menschen und Menschen mit Vorerkrankungen. Blizzards sind in nördlichen Klimazonen zwar häufiger anzutreffen, doch handelt es sich um schwere Schneestürme, die durch starke Winde und schlechte Sicht gekennzeichnet sind. Sie können den Transport stören, Stromausfälle verursachen und eine Gefahr für Menschenleben darstellen.

Was ist also die Ursache für diesen Anstieg extremer Wetterbedingungen? Die Antwort liegt zum großen Teil im Klimawandel. Wenn menschliche Aktivitäten Treibhausgase in die Atmosphäre freisetzen, speichern diese Gase

Wärme und bewirken eine Erwärmung des Planeten. Diese Erwärmung hat eine Reihe von Auswirkungen auf das Klimasystem der Erde, einschließlich Änderungen der Meerestemperaturen, der atmosphärischen Zirkulationsmuster und der Feuchtigkeitsmenge in der Luft.

Höhere Meerestemperaturen liefern beispielsweise mehr Energie für Hurrikane, was zu stärkeren Stürmen und einer schnelleren Intensivierung führt, wie wir beim Hurrikan Milton gesehen haben. Änderungen in den atmosphärischen Zirkulationsmustern können die Spur von Stürmen verändern, sie weniger vorhersehbar machen und sie möglicherweise in Gebiete bringen, die an solche Ereignisse nicht gewöhnt sind. Erhöhte Luftfeuchtigkeit kann zu stärkeren Niederschlägen und Überschwemmungen führen, selbst in Gebieten, die normalerweise nicht anfällig für Überschwemmungen sind.

Die Zukunft extremer Wetterereignisse ist ein Thema der laufenden Forschung, aber

Wissenschaftler sind sich einig, dass wir mit der weiteren Erwärmung des Klimas mit häufigeren und intensiveren Ereignissen rechnen können. Das bedeutet stärkere Hurrikane, verheerendere Überschwemmungen, längere und schwerere Dürren und mehr rekordverdächtige Hitzewellen. Diese Veränderungen werden tiefgreifende Auswirkungen auf Gemeinschaften auf der ganzen Welt haben und sich auf die menschliche Gesundheit, Infrastruktur, Landwirtschaft und Wirtschaft auswirken.

Stellen Sie sich eine Küstenstadt in nicht allzu ferner Zukunft vor. Der Meeresspiegel ist gestiegen, was die Stadt anfälliger für Sturmfluten macht. Ein Hurrikan, noch stärker als Milton, naht. Der Hochwasserschutz der Stadt, der für Stürme der Vergangenheit ausgelegt war, ist überfordert. Häuser werden überschwemmt, Geschäfte zerstört und Menschenleben verloren. Dies ist keine Szene aus einem Science-Fiction-Film; Es ist eine potenzielle Realität, wenn es uns nicht gelingt, den

Klimawandel anzugehen und uns an seine Auswirkungen anzupassen.

Die Wissenschaft des extremen Wetters ist klar: Unser Klima verändert sich, und diese Veränderungen haben echte Auswirkungen auf unser Leben. Wir können es uns nicht länger leisten, die Warnungen zu ignorieren. Wir müssen Maßnahmen ergreifen, um die Treibhausgasemissionen zu reduzieren, uns an den Klimawandel anzupassen und widerstandsfähigere Gemeinschaften aufzubauen. Die Zukunft unseres Planeten hängt davon ab.

Unsere Verantwortung, unsere Entscheidungen

Das Bild hat sich in unser kollektives Gedächtnis eingebrannt: das wirbelnde Chaos des Hurrikans Milton, seine Winde, die durch Küstenstädte fegen, seine Sturmflut, die Häuser und Unternehmen verschlingt. Milton ist wie andere Hurrikane der letzten Zeit eine deutliche Erinnerung an die rohe Kraft der Natur und die Verletzlichkeit unserer Gemeinden angesichts extremer Wetterbedingungen. Aber diese Stürme sind nicht einfach Schicksalsschläge; Sie sind zunehmend mit einer Realität verflochten, die wir nicht länger ignorieren können: dem Klimawandel.

Die Wissenschaft ist klar. Wenn sich der Planet erwärmt, absorbieren die Ozeane mehr Wärme und liefern so den Treibstoff für stärkere Hurrikane. Wärmere Luft speichert mehr Feuchtigkeit, was zu mehr Niederschlägen und Überschwemmungen führt. Der steigende Meeresspiegel verschärft die Sturmflut und treibt zerstörerische Gewässer weiter ins Landesinnere. Hurrikan Milton passt mit seiner schnellen Intensivierung und verheerenden Wirkung in dieses Muster – ein Muster, das in den kommenden Jahren wahrscheinlich häufiger und schwerwiegender werden wird.

Diese Realität erfordert ein Umdenken in unserem Denken. Wir können nicht mehr einfach auf

Hurrikane reagieren; Wir müssen uns proaktiv auf sie vorbereiten und ihre Auswirkungen abmildern. Dies erfordert einen vielschichtigen Ansatz, der die Vernetzung individueller Maßnahmen, der Widerstandsfähigkeit der Gemeinschaft und der Regierungspolitik anerkennt.

Individuelle Verantwortung: Kleine Veränderungen, große Wirkung

Stellen Sie sich ein junges Mädchen namens Sarah vor, das in einer Küstenstadt lebt, die häufig von Hurrikanen bedroht ist. Sarah, inspiriert von einem Schulprojekt zum Klimawandel, beschließt, etwas zu bewirken. Sie beginnt damit, den CO_2-Fußabdruck ihrer Familie zu verringern: Sie wechselt zu energieeffizienten Glühbirnen, verbraucht weniger Wasser und ermutigt ihre Eltern, lokale Produkte zu kaufen. Sie schließt sich einem Gemeinschaftsgarten an, lernt etwas über Kompostieren und startet sogar eine kleine Recycling-Initiative in ihrer Nachbarschaft.

Sarahs Aktionen mögen klein erscheinen, aber sie sind Teil einer größeren Bewegung. Jede einzelne Entscheidung, den Energieverbrauch zu senken, Wasser zu sparen und Abfall zu minimieren, trägt zur Senkung der Treibhausgasemissionen bei. Diese Entscheidungen, multipliziert mit Millionen von Haushalten, können einen erheblichen Unterschied bei der Verlangsamung des Klimawandels und der Verringerung der Intensität künftiger Hurrikane machen.

Widerstandsfähigkeit der Gemeinschaft: Stärke in Zahlen

Über individuelle Maßnahmen hinaus müssen Gemeinschaften zusammenarbeiten, um Widerstandsfähigkeit aufzubauen. Das bedeutet, die Infrastruktur zu stärken, die Bauvorschriften zu verbessern und wirksame Evakuierungspläne zu entwickeln. Es bedeutet auch, in natürliche Abwehrmaßnahmen zu investieren, etwa in die Wiederherstellung von Küstenfeuchtgebieten und

Mangrovenwäldern, die als Puffer gegen Sturmfluten dienen.

Stellen Sie sich eine Küstengemeinde vor, die aus vergangenen Hurrikanen gelernt hat. Sie haben ihre Bauvorschriften aktualisiert, um stärkeren Winden und Überschwemmungen standzuhalten. Sie haben in Frühwarnsysteme und Evakuierungswege investiert. Sie haben Gemeindegruppen organisiert, die in der Katastrophenhilfe und -unterstützung geschult sind. Wenn der nächste Hurrikan zuschlägt, ist diese Gemeinde besser darauf vorbereitet, den Sturm zu überstehen und sich schneller zu erholen.

Regierungsmaßnahmen: Wegweisend

Regierungen spielen eine entscheidende Rolle bei der Bewältigung des Klimawandels und der Vorbereitung auf seine Auswirkungen. Dazu gehören Investitionen in erneuerbare Energiequellen, die Förderung der Energieeffizienz und die Umsetzung von Richtlinien zur Reduzierung der CO_2-Emissionen. Es bedeutet auch, die Forschung und Entwicklung klimaresistenter Technologien und Infrastruktur zu unterstützen.

Stellen Sie sich eine Regierung vor, die den Klimawandel ernst nimmt. Sie haben sich ehrgeizige Ziele zur Reduzierung der Treibhausgasemissionen gesetzt und investieren in saubere Energietechnologien. Sie arbeiten mit Gemeinden zusammen, um umfassende Katastrophenvorsorgepläne zu entwickeln, und stellen Ressourcen bereit, um gefährdeten Bevölkerungsgruppen bei der Anpassung an den Klimawandel zu helfen. Diese Regierung schützt nicht nur ihre Bürger vor den Auswirkungen des Klimawandels, sondern weist auch den Weg in eine nachhaltigere Zukunft.

Der Weg nach vorne: Eine gemeinsame Verantwortung

Die Bewältigung des Klimawandels und die Vorbereitung auf seine Auswirkungen ist nicht nur eine Frage der individuellen Verantwortung, der Widerstandsfähigkeit der Gemeinschaft oder staatlicher Maßnahmen. es erfordert, dass alle drei zusammenarbeiten. Es erfordert ein gemeinsames Verständnis dafür, dass unsere heutigen Entscheidungen die Welt, in der wir morgen leben, prägen werden.

Die Geschichte des Hurrikans Milton ist ein Weckruf. Es ist eine Erinnerung daran, dass wir dem Klimawandel nicht machtlos gegenüberstehen. Wir verfügen über das Wissen, die Werkzeuge und die Verantwortung zum Handeln. Indem wir in unserem täglichen Leben bewusste Entscheidungen treffen, widerstandsfähige Gemeinschaften aufbauen und Maßnahmen von unseren Regierungen einfordern, können wir eine Zukunft schaffen, in der Hurrikane zwar immer noch eine Naturgewalt sind, aber keine existenzielle Bedrohung mehr für unsere Gemeinschaften und unseren Planeten darstellen.

Der Weg nach vorne ist klar. Es ist ein Weg, der mit individueller Verantwortung, Widerstandsfähigkeit der Gemeinschaft und staatlicher Führung gepflastert ist. Es ist ein Weg, der in eine nachhaltigere Zukunft führt, in der wir im Einklang mit unserem Planeten leben und keine Angst vor seiner Macht haben. Es ist ein Weg, den wir gemeinsam gehen müssen.

ABSCHLUSS

Das Dröhnen des Hurrikans Milton ist verstummt. Das Hochwasser ist zurückgegangen. Die zerstörten Häuser und Geschäfte werden langsam wieder aufgebaut. Aber die Echos des Sturms bleiben bestehen, nicht nur in den physischen Narben in der Landschaft, sondern auch in den Herzen und Gedanken derer, die ihn erlebt haben.

Milton war eine Tragödie, eine deutliche Erinnerung an die rohe Kraft der Natur und die Zerbrechlichkeit der menschlichen Existenz. Es war jedoch auch ein Beweis für die Widerstandsfähigkeit des menschlichen Geistes, die unerschütterliche Fähigkeit zu Mut, Mitgefühl und Gemeinschaft angesichts der Verwüstung.

Nach dem Sturm haben wir das Beste der Menschheit erlebt: Nachbarn, die Nachbarn helfen, Fremde, die Essen und Unterkunft teilen, Freiwillige, die unermüdlich daran arbeiten, Trümmer zu beseitigen und Häuser wieder aufzubauen. Wir sahen, wie Gemeinschaften zusammenkamen, verbunden durch eine gemeinsame Erfahrung und die Entschlossenheit, Widrigkeiten zu überwinden.

Aber Milton hat auch die tiefgreifenden Ungleichheiten offengelegt, die in unserer Gesellschaft fortbestehen. Die Schwächsten unter uns – die Armen, die Älteren, die Ausgegrenzten – waren vom Sturm unverhältnismäßig stark betroffen, was die dringende Notwendigkeit sozialer Gerechtigkeit und einer gerechteren Verteilung der Ressourcen verdeutlicht.

Die Lehren von Milton sind tiefgreifend und weitreichend. Sie verdeutlichen, wie wichtig es ist, vorbereitet zu sein, die Warnungen zu beachten und die notwendigen Vorsichtsmaßnahmen zu treffen, um uns und unsere Gemeinschaften zu schützen. Sie unterstreichen die Notwendigkeit von Resilienz, nicht nur im physischen Sinne, sondern auch in Bezug auf die mentale und emotionale Fähigkeit, sich angesichts von Widrigkeiten anzupassen, zu lernen und stärker zu werden.

Und was vielleicht am wichtigsten ist: Milton erinnert uns an unsere Verbundenheit, unser gemeinsames Schicksal als Bewohner dieses fragilen Planeten. Es zwingt uns, uns der Realität des Klimawandels zu stellen, unsere Rolle bei seiner Beschleunigung anzuerkennen und kollektive Maßnahmen zu ergreifen, um seine Auswirkungen abzumildern.

Die Zukunft ist ungewiss, aber eines ist klar: Wir können es uns nicht leisten, selbstgefällig zu sein. Wir müssen aus der Vergangenheit lernen, die Herausforderungen der Gegenwart annehmen und zusammenarbeiten, um eine nachhaltigere, widerstandsfähigere und gerechtere Zukunft für alle aufzubauen.

Das Erbe des Hurrikans Milton ist nicht nur eine Geschichte der Zerstörung und des Verlusts. Es ist eine Geschichte der Hoffnung, der Widerstandsfähigkeit und des beharrlichen menschlichen Geistes, der selbst in den dunkelsten Zeiten die Kraft findet, sich über Widrigkeiten zu erheben und eine bessere Zukunft aufzubauen.

Hurrikan Milton

EPILOG: EIN BRIEF AN MORGEN

An die kommenden Generationen,

Wenn Sie dies lesen, bedeutet das, dass Sie eine Welt geerbt haben, die sowohl schön als auch zerbrechlich ist. Wahrscheinlich haben Sie in Ihrem Geschichtsunterricht etwas über den Hurrikan Milton erfahren – einen Sturm, der zwar heftig, aber nur ein Kapitel in der fortlaufenden Geschichte des Tanzes der Menschheit mit der Natur war.

Ich wünschte, ich könnte Ihnen sagen, dass Milton ein Einzelfall war, ein ungewöhnliches Ereignis, das in die Annalen der Vergangenheit einging. Aber die Wahrheit ist, dass Milton ein Weckruf war, eine deutliche Erinnerung an die Macht der Natur und die Konsequenzen unseres Handelns.

Die alten Leute, die in Milton lebten, werden Ihnen Geschichten über die heulenden Winde, den unerbittlichen Regen und den wogenden Ozean erzählen, der Häuser und Träume verschluckte. Sie werden von der Angst, der Unsicherheit und dem langen, beschwerlichen Weg zurück zur Normalität sprechen. Aber sie erzählen Ihnen auch von dem Mut, der Freundlichkeit und dem unerschütterlichen Gemeinschaftsgeist, der angesichts der Verwüstung aufblühte.

Milton hat uns viele Dinge beigebracht. Es hat uns gelehrt, dass die Wut der Natur eine Kraft ist, mit der man rechnen muss und die man nicht kontrollieren muss. Es hat uns gezeigt, wie wichtig es ist, vorbereitet zu sein, die Warnungen zu beachten und die notwendigen Vorsichtsmaßnahmen zu treffen, um uns und unsere Lieben zu schützen. Es hat uns gelehrt, dass es bei Resilienz nicht nur darum geht, sich zu erholen, sondern auch darum, sich an Widrigkeiten anzupassen, zu lernen und stärker zu werden.

Aber vielleicht am wichtigsten ist, dass Milton uns die tiefgreifende Vernetzung aller Dinge gelehrt hat. Der Sturm machte keinen Unterschied; es betraf jeden, unabhängig von seiner Herkunft, seinem Glauben oder seinem sozialen Status. Es zwang uns, uns der Realität zu stellen, dass wir alle in einer Situation stecken und ein gemeinsames Schicksal auf diesem fragilen Planeten teilen.

Nach Milton erlebten wir das Beste der Menschheit. Nachbarn, die Nachbarn helfen, Fremde, die Trost spenden, Gemeinschaften, die zusammenkommen, um das Verlorene wieder aufzubauen. Wir haben die Kraft kollektiven Handelns erlebt und die Erkenntnis, dass wir gemeinsam stärker sind als allein.

Aber Milton hat auch die tiefen Ungleichheiten offengelegt, die in unserer Gesellschaft bestehen. Diejenigen, die bereits gefährdet waren – die Armen, die Alten, die Ausgegrenzten – waren vom Sturm unverhältnismäßig stark betroffen. Es unterstrich die dringende Notwendigkeit sozialer Gerechtigkeit und der Schaffung einer Welt, in der jeder unabhängig von den Umständen über die

Ressourcen und die Unterstützung verfügt, die er zum Gedeihen benötigt.

Während Sie die Herausforderungen Ihrer Zeit meistern, möchte ich Sie dringend bitten, sich an die Lehren von Milton zu erinnern. Denken Sie daran, dass die Natur eine mächtige Kraft ist, aber auch eine Quelle des Wunders und der Schönheit. Respektieren Sie seine Grenzen, lernen Sie aus seinen Rhythmen und arbeiten Sie daran, sein empfindliches Gleichgewicht zu schützen.

Denken Sie daran, dass es bei der Vorbereitung nicht nur um körperliche Sicherheit, sondern auch um geistige und emotionale Belastbarkeit geht. Kultivieren Sie einen Geist der Anpassungsfähigkeit, lernen Sie aus der Vergangenheit und nehmen Sie die vor uns liegenden Herausforderungen mit Mut und Entschlossenheit an.

Denken Sie daran, dass die Gemeinschaft unsere größte Stärke ist. Fördern Sie einen Geist der Zusammenarbeit, des Einfühlungsvermögens und der gegenseitigen Unterstützung. Arbeiten Sie gemeinsam daran, eine gerechtere und gerechtere Welt aufzubauen, in der jeder die Möglichkeit hat, sich zu entfalten.

Und schließlich denken Sie daran, dass die Entscheidungen, die Sie heute treffen, die Welt von morgen prägen werden. Nehmen Sie Ihre Rolle als Verwalter dieses Planeten an und arbeiten Sie daran, eine Zukunft zu schaffen, in der Mensch und Natur im Einklang gedeihen können.

Die Zukunft ist nicht in Stein gemeißelt. Es ist ein Wandteppich, der aus den Fäden unserer Handlungen, unserer Entscheidungen und unseres kollektiven Willens gewebt ist. Das Erbe des Hurrikans Milton ist eine Erinnerung daran, dass wir die Macht haben, unser Schicksal zu gestalten und eine widerstandsfähigere, nachhaltigere und gerechtere Welt für kommende Generationen aufzubauen.

Mit Hoffnung und Vorfreude auf die Zukunft,

Eine Stimme aus der Vergangenheit

Hurrikan Milton

www.ingramcontent.com/pod-product-compliance
Lightning Source LLC
Chambersburg PA
CBHW051534240526
45471CB00020B/1786